實戰
Excel
行銷分析
不寫程式也能分析大數據

Marketing
Data Science

在這個資料科學一日千里的時代下，產學界需求丕變，都需面對變數增加、資料量的快速增長、分析手法的複雜化以及時效的快速要求，因此大家都希望能夠學習 Python、R 的程式語言，以面對大數據的挑戰。但是學習程式語言對大多數人來說是一個高不可及的門檻，而有一個很好的入門方案即是透過 Excel，我們也能做到相應的資料分析功能。如果讀者覺得學習複雜的程式語言有一些障礙，從 Excel 入門可預期門檻會低很多，且這些基本概念將來都可以直接對應到不同的數據分析工具中。

我在台灣科大企管系講授「行銷管理」與「研究方法」二十餘年，並且融合兩門課程之精華，在近四年開授了「行銷資料科學」課程。在授課的過程中我逐漸發掘低程式 / 無程式（Low-Code / No-Code）的觀念在大數據的潮流下更顯重要，而 Excel 能讓學生或產學界具備「不是軟體工程師，只要擁有自身的專業領域（domain knowledge），也能開發自己的應用」之基礎。

然而在 Excel 諸多的書籍中，能夠結合行銷或商務操作，展現協助企業發現、分析與解決行銷相關問題的書籍並不多。我在台科大幾位非常優秀的學生，同時也在業界搜羅到相應的需求，因此開始將課外的實戰經驗開發成適合數據分析初學者入門的實作課程，於台灣學、業界執行 Excel 行銷資料科學課程，並獲得廣泛正面的迴響，最後將業界實作案例、內訓反饋與課程內容統整並編纂了臺灣第一本以行銷資料科學為導向的 Excel 數據分析書籍。

本書的作者群均為我在台灣科大的學生。他們於 2019 年出版了國內第一本的《行銷資料科學》書籍後，隔年，2020 年再推出《STP 行銷策略—Python 商業應用實戰》一書，並於 2021 年又編纂了《最強行銷武器—整合行銷研究與資料科學》，再於 2022 年又出版了本書。對他們連續三年來的日夜精進，我在此表達對他們的讚嘆。

本書透過行銷實例，對數據分析的概念、分析規劃、分析工具、與視覺呈現，進行深入的介紹。對於想藉此入門數據分析的人是很好的選擇。本書突顯出不需接觸高門檻的程式語言，也能達到數據分析的效果。對於想學習數據分析的人，是相當有幫助的一本書籍，這是一本不可多得的好書，我誠摯地推薦給大家。

林孟彥
台灣科技大學企業管理系教授

作者序

近年來，數據分析、資料驅動（Data Driven）等名詞，常常在業界被提及，如何學習數據分析的技巧，也成為重要的議題。對於未曾接觸過程式撰寫的人來說，面對數據分析，可能會感到些許的徬徨，甚至不知從何下手，畢竟程式撰寫的門檻相對較高。

本書以 Excel 作為數據分析的主要工具，讓大家透過熟悉的 Excel 工具，達到數據分析的目的，讓您在閱讀時不禁感到：「原來 Excel 這麼方便！」。

Excel 在數據分析中扮演著重要的角色，許多的功能僅需要透過拖、拉、點、選四個動作，就可以完成，對於初入數據分析領域者相當友善。雖然 Excel 能處理的資料筆數若超過 104 萬筆比較有資料處理與分析上的挑戰性，但對於台灣許多的中小企業來說，已經相當足夠。如果未來需要處理更大量的數據，還可以學習 Power BI，其操作概念與 Excel 相當類似。

本書主要以零售業銷售資料為例，以過往業界實戰經驗的精華，根據部分專案的真實內容，設計章節架構。從產品、顧客分析，到廣告效益分析，逐章進行詳細說明。透過解說分析結果背後的商業意涵，並進入實際演練（同時附上 Excel 檔案 QR code 供讀者下載、練習），再介紹模組的製作方式。讓讀者讀完本書後，能根據自己的需求，創建屬於自己的分析模組。

此外，本書在編輯時，為避免重複解說操作，當同一章節中有重複的操作時，特以文字敘述，減少重複的圖解說明，藉此提高讀者學習效率，同時熟悉操作步驟。

為了與讀者們有更好的互動，作者群也成立了不同的行銷資料科學社群，讓讀者可以一起分享、討論與學習行銷資料科學相關知識，同時，作者群也將行銷資料科學最新文章與動態消息彙整至此，歡迎廣大的讀者加入我們的社群，一同與我們一起成長！

Line匿名互動社群　Facebook 粉專　Medium部落格

本書的出版，要感謝臺灣行銷研究相關團隊的協助；同時承蒙碁峰資訊的大力協助；最後，儘管作者群在本書撰寫時竭心盡力，但如書中論述不夠周密，導致內容出現疏漏或錯誤之處，仍盼您不吝提供建議，讓我們有機會進行改善，讓本書能更臻完善，謝謝。

陳俊凱、鍾皓軒、羅凱揚 謹識

2022 年 1 月

目錄

1 | Excel 商業分析與個案成果演示

2 | 基礎練習與資料前處理實戰

3 ｜ 個案分析｜找出值得行銷的產品

4 | 顧客分析｜從消費資料中找到好顧客

5 | Excel 商業分析全模組

A | 保護 Excel 檔

Excel 商業分析
與個案成果演示

1.1 商業分析中不可或缺的 Excel

1.1.1 資料科學從業人員 KSAO 的調查目標

本章將從「就業人才市場」角度出發，找出國際與台灣產學界求才背後，資料科學從業人員相關職位的知識、技術與能力（KSAO），讓讀者更清楚 Excel 為什麼是商業分析中不可或缺的重要技能之一。

1.1.2 調查背景

臺灣行銷研究有限公司於 2020 年以產學界的角度，調查了商業分析師、數據分析師、資料分析師與資料科學家，四種常見的資料科學從業人員在 KSAO 的分析結果。

國外產業界探索背景

以國外大廠為主要蒐集標的，內容涵蓋 IBM、Google、Apple、Intel、Amazon、Microsoft 等知名外商，蒐集其官網裡資料科學從業人員的職缺需求。再輔以國外求職網，如：Glassdoor，搜尋行銷資料科學相關職缺，並統整其工作說明書內容後進行分析，了解不同職缺技能需求及差異，以作為後續歸納資料科學從業人員 KSAO 的重要分析資料來源。

國內產業界探索背景

國內的資料來源，主要以台灣最大的人力銀行平台：104 人力銀行為主，並搜尋資料科學領域相關職位，查看其工作說明及能力需求後進行統整分析。

國內外學界探索背景

筆者蒐集國內外各知名大學有關於行銷、資料科學、數據分析的課程大綱。畢竟學校會透過專家、學者討論並設計科系課綱，希望學生在畢業前能掌握必備的技能，進而輔助就業。筆者根據課綱找尋該領域所需技能，進而得到學界觀點的支持。同時也查找線上現有資料科學相關之課程，舉例：Udemy、Coursera、YOTTA、Hahow 等數位學習平台，了解相關課程背後所需的技能。

1.1.3 職位 KSAO 調查結果

筆者根據分析結果，透過圖形呈現商業分析師、數據分析師、資料分析師與資料科學家，必須具備的能力重要性及分布情形，如圖 1-1 所示。

從圖 1-1 中可發現，目前業界對於消費者洞察、顧客分析、資料視覺化與資料分析等相關能力，為主要的需求重點。而本書後續章節也會針對交集最多的這四大重點知識領域，以實際案例的方式進行分享。

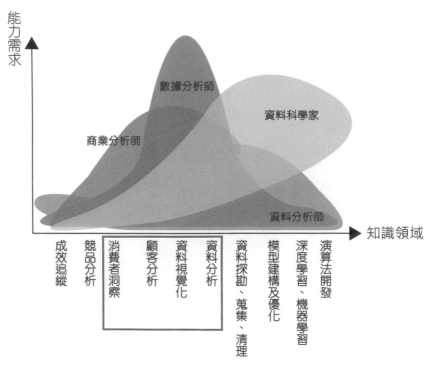

圖 1-1　資料科學從業人員職位能力重要性分布圖

接下來，筆者先簡述圖 1-1 中，四種資料科學從業人員的 KSAO。

商業分析師

商業分析師的 KSAO 分析結果如圖 1-2 所示。

在知識（Knowledge, K）上必須具備統計、商業智慧與產業知識。
藉由商業智慧收集、整合與分析資訊，並產出報表，最終結合產業
相關知識做出最佳決策。

在能力（Ability, A）與技術（Skill, S）方面，數據視覺化、資料分析、
基礎數據模型能力與效益追蹤分析是商業分析師必須具備的能力，
所以筆者將在第五章「模組建立與使用」中，介紹如何透過 Excel 建
立資料分析、**資料視覺化**、與基礎數據模型的能力，而效益追蹤分
析則將在第四章進行剖析，協助讀者掌握這些能力。

圖 1-2　商業分析師 KSAO 表格

數據分析師與資料分析師

在中文的資料來源裡，有「數據分析師」與「資料分析師」的職稱，
但因其 KSAO 非常相似，所以在此共同闡述。數據分析師與資料分
析師的 KSAO 分析結果如圖 1-3 所示。

數據分析師與資料分析師的 KSAO，其實與商業分析師並未有太過顯
著的差異。最大的差異在於，資料分析師對「模型建構及優化」與「機
器學習、預測方法」的掌控程度較高。

數據分析師與資料分析師（Data Analyst）

K	統計分析	模型建構及優化	機器學習、預測方法
A	數據視覺化	資料分析	數據模型能力
S	• Tableau • Power BI	• Python/R • SQL/NoSQL • Excel	• Python/R • SAS/SPSS • Excel

圖 1-3　數據分析師與資料分析師 KSAO 表格

筆者將在 4.1 節「顧客分群：從顧客中找到好顧客」中，帶領各位讀者手把手揭秘 Excel 顧客分群的機器學習演算法，並優化最適顧客分群結果。讓讀者可以一窺資料分析師在「模型建構及優化」與「機器學習、預測方法」的奧秘。

資料科學家

資料科學家的 KSAO 分析結果如圖 1-4 所示。資料科學家對於數學能力要求更進階，由於 Excel 無法對巨量資料進行複雜且高階的計算，但 Excel 仍能協助資料科學家進行基礎的數據資料處理分析與擷取、轉換和載入（ETL）操作。

資料科學家（ Data Scientist ）

K	統計分析	迴歸分析	數學、工程、資工	經濟、物理
A	機器學習&AI	數據資料處理分析/ETL	演算法開發	爬蟲程式開發
S	• Python/R • Java • C/C++	• Python/R • Oracle • PL/SQL • Hadoop/Spark/Hive • Excel/SPSS/SAS	• Python/R • Java • C/C++ • PHP	• Python/R • Java

圖 1-4 資料科學家 KSAO 表格

如果讀者對這個職業有興趣，筆者將在第二章介紹許多資料清理手法，協助讀者精熟此環節，熟悉此項資料科學家的必備技能。即使對這項職業沒有興趣，第二章的內容也可幫助各位讀者在日常中更有效率的運用 Excel。

1.1.4 Excel 技能對資料科學從業人員的重要性

知曉了四種資料科學從業人員的 KSAO 後，我們針對最常使用到 Excel 的商業分析師、數據分析師與資料分析師，三項職位所需的技能進一步探索，排序各項技能重要性，如圖 1-5 所示。

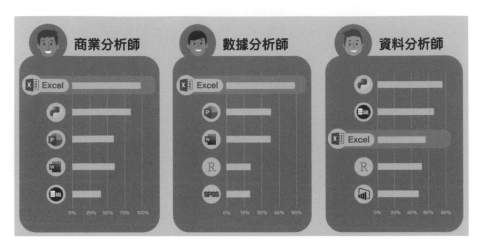

圖 1-5 商業分析師、數據分析師與資料分析師技能表格

由圖 1-5 中可知，各項職位所需技能有所不同。商業分析師、數據分析師這兩個職位，著重於從資料中透過分析提取商業價值，所以技能表中皆有 PowerPoint 與 Word（觀察分析結果並透過簡報與報告呈現）。而 Excel 在兩個職位中同時扮演了重要的角色，透過 Excel可以進行資料清理、資料分析與資料視覺化等功能，符合這兩個職位的需求。

而資料分析師雖然較專注於程式撰寫，但 Excel 可以快速進行基本的資料清理與敘述性統計計算，所以也被視為是一項不可或缺的技能。

1.2 商業分析個案成果演示

本節將以一實際電商案例說明 Excel 在商業分析中的商務洞見，讓讀者在正式操作 Excel 前，對商業分析的成果可先一睹為快，以更瞭解學習 Excel 的意義（即商業意涵）。

本書以某快時尚產業的電商去識別化銷售資料為例，透過 Excel 實戰演練貫穿各個章節。本章節將先闡述案例資料來源、情境難題解說、產品分析演示與推廣分析演示等分析手法。細部教學與操作，將於第二章詳述。

1.2.1 案例資料來源介紹

本次使用的銷售資料約 25 萬筆，時間為 2016 ～ 2018 年，每一筆資料記錄了訂單時間、會員等交易相關資訊，其資料格式於零售業中相當常見，如表 1-1 所示。

表 1-1 銷售資料示意表

銷售訂單	訂單時間	會員	性別	年紀	廣告代號all	系列	產品	顏色	尺寸	單價	成本
BD16747499	2016/1/1 3:19	CM7986531	FEMALE	32	廣告_YND_pid	系列4	產品4-1			391	240
BD16747499	2016/1/1 3:19	CM7986531	FEMALE	32	廣告_YND_pid	系列4	產品4-2			238	137
BD16747499	2016/1/1 3:19	CM7986531	FEMALE	32	廣告_YND_pid	系列4	產品4-3	watermelonred	S	434	253
BD16747499	2016/1/1 3:19	CM7986531	FEMALE	32	廣告_YND_pid	系列4	產品4-4			339	205
BD16747499	2016/1/1 3:19	CM7986531	FEMALE	32	廣告_YND_pid	系列4	產品4-3	white	S	382	223
BD16747499	2016/1/1 3:19	CM7986531	FEMALE	32	廣告_YND_pid	系列4	產品4-3	navyblue	S	434	253
BD16747499	2016/1/1 3:19	CM7986531	FEMALE	32	廣告_YND_pid	系列4	產品4-5			646	410
BD174344	2016/1/1 5:53	CM49828	FEMALE	32	廣告_自然流量	系列4	產品4-6	gray	M	635	490
BD174344	2016/1/1 5:53	CM49828	FEMALE	32	廣告_自然流量	系列4	產品4-3	black	M	434	253
BD174344	2016/1/1 5:53	CM49828	FEMALE	32	廣告_自然流量	系列4	產品4-6	gray	M	635	490

值得注意的是，此電商在商品分類上區分為「系列」與「產品」欄位。由系列的主題發展產品，例如：從圖 1-6 的文具系列下的產品有鉛筆、原子

筆等，而在本次的銷售資料中，約有 1000 種的系列，且多達 7400 多項產品，每項產品的價格介於 450 ～ 2000 元新台幣不等，如圖 1-7 所示。

銷售訂單	訂單時間	會員	性別	年紀	廣告代號all	系列	產品	顏色	尺寸	單價	成本
BD16747499	2016/1/1 3:19	CM7986531	FEMALE	32	廣告_YND_pid	系列4	產品4-1			391	240
BD16747499	2016/1/1 3:19	CM7986531	FEMALE	32	廣告_YND_pid	系列4	產品4-2			238	137
BD16747499	2016/1/1 3:19	CM7986531	FEMALE	32	廣告_YND_pid	系列4	產品4-3	watermelonred	S	434	253
BD16747499	2016/1/1 3:19	CM7986531	FEMALE	32	廣告_YND_pid	系列4	產品4-4			339	205
BD16747499	2016/1/1 3:19	CM7986531	FEMALE	32	廣告_YND_pid	系列4	產品4-3	white	S	382	223
BD16747499	2016/1/1 3:19	CM7986531	FEMALE	32	廣告_YND_pid	系列4	產品4-3	navyblue	S	434	253
BD16747499	2016/1/1 3:19	CM7986531	FEMALE	32	廣告_YND_pid	系列4	產品4-5			646	410
BD174344	2016/1/1 5:53	CM49828	FEMALE	32	廣告_自然流量	系列4	產品4-6	gray	M	635	490
BD174344	2016/1/1 5:53	CM49828	FEMALE	32	廣告_自然流量	系列4	產品4-3	black	M	434	253
BD174344	2016/1/1 5:53	CM49828	FEMALE	32	廣告_自然流量	系列4	產品4-6	gray	M	635	490

類別	衛浴用品	餐廚配備	文具	園藝用品	蔬菜	水果
物品名稱	浴巾	叉子	鉛筆	肥料	高麗菜	蘋果
物品名稱	浴帽	砧板	原子筆	盆栽	青椒	鳳梨

圖 1-6 「系列」與「產品」欄位示意釋例

電商產業資料情境案例說明

1. 商品：IP商品，本次資料共有1000種系列，多達7400多個商品
2. 本次主要使用的資料集名稱：sales_data.xlsx
3. 通路：100%的銷售透過各大電商通路授權銷售
4. 價格：每項商品大約450~2000元不等
5. 銷售：主要進行關鍵字廣告、FB廣告

圖 1-7 「系列」與「產品」欄位示意釋例

在進行分析前，需要先了解每項欄位所代表的意義，如表 1-2 所示。

表 1-2 資料欄位解釋

變數	資料格式	資料說明
1.ID	文字	銷售編號，同一筆銷售資料會相同
2.訂單時間	日期	訂單成立時間
3.會員	文字	消費者之會員代碼
4.性別	文字	消費者性別
5.年紀	數值	消費者年齡
6.廣告代號all	文字	消費者來源（自然搜尋或各廣告）
7.系列	文字	商品所屬系列
8.產品	文字	商品代碼
9.顏色	文字	商品顏色
10.尺寸	文字	商品尺寸
11.單價	數值	商品售價
12.成本	數值	商品成本

根據欄位中資料的特性，筆者將其分為三大類：文字、數值、日期。
文字類型的欄位主要區分不同銷售商品的屬性，例如：系列、產品；
數值類型的欄位多為不同商品的銷售計數單位，通常與營收、成本、
利潤等計算有關；日期則可協助篩選出特定期間的分析成果，例如：
每月銷售額、2016 年系列利潤額等。

1.2.2 情境難題解說

根據筆者於不同產業進行行銷資料科學分析案之經驗，歸納出零售業的三大基本難題：

難題 1：如何從眾多品項中，挑選出「有利可圖」的產品或系列，以奠基後續行銷資源的優化配置？

本案例品項數雖然可能高出一般零售業，但其實只要是具有多種商品「銷售資料」的行業，基本上都適合參考。所以該如何從眾多品項中挑選「有利可圖」的產品或系列，即成為奠基後續行銷資源優化配置的重要課題。

難題 2：如何將顧客分群，進而尋找出有價值的顧客做行銷？

本案例也希望對顧客進行分群，找出有價值的顧客，了解不同群裡顧客的年齡、性別、產品喜好、通路喜好等，進而形塑行銷戰略，發展出最合適的方法來吸引、保有這些顧客。

難題 3：如何有效率地分配廣告資源？

本案例的廣告與活動非常多元，根據資料分析結果可有效地分配廣告資源，在適當的時間，選擇適合的廣告，推送給適合的客群。

1.2.3 零售業銷售資料分析演示

在瞭解了案例中的三大難題後，筆者將以 Excel 實戰分析，找出可能的商務解決方案。

80/20 法則

在面對數千種商品以及行銷資源有限的狀況下，如何用較低的成本賺取較高的利潤，是重要的課題。為了達到此目的，我們可以找到對利潤最有影響的產品。

八二法則，或稱 80/20 法則、柏拉圖分析，意義是 20% 的主因導致 80% 的結果。將此法則應用在本案，即為 20% 的產品，貢獻出 80% 的利潤，這些能創造出 80% 收益的產品，即為企業的重點產品，如圖 1-8 所示。

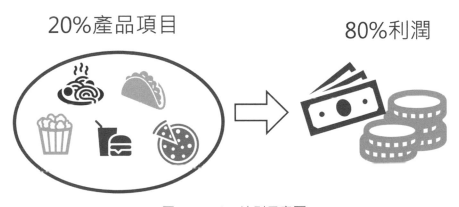

圖 1-8　80/20 法則示意圖

由於本案例的「系列」會深度影響「產品」的後續推廣決策，所以在一開始筆者即採用「系列」為主要分析目標。

筆者透過累積利潤占比的計算，尋找出能貢獻 80% 的累積利潤的關鍵系列。在圖 1-9 的分析結果中，方框中的系列只占系列橫軸當中的一小部分，甚至不及 20%。這代表在該案例裡，不到 20% 的系列即貢獻了 80% 的累積利潤，可見該產業的利潤極易受到該系列所影響，也因此，篩選出關鍵系列即為資料分析的重要一步。後續文中將重要的系列稱之為 A 級系列，其餘則為 B 級系列。

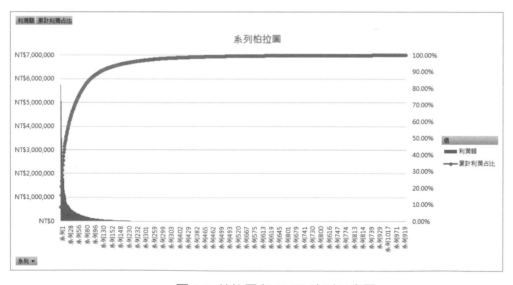

圖 1-9　柏拉圖與 80/20 法則示意圖

接下來，筆者透過系列分級分析，更清楚的呈現兩種系列的利潤占比與利潤額，同時查看哪些系列屬於貢獻約 80% 利潤的 A 級系列。

從圖 1-10 中可得知，系列 1、2 與 3 的利潤占比各占 8.28%、7.29%
與 5.06%，光是這三個系列就已占共 20.63%，可見如能有效運用
80/20 法則，即能快速得知重點系列為何。

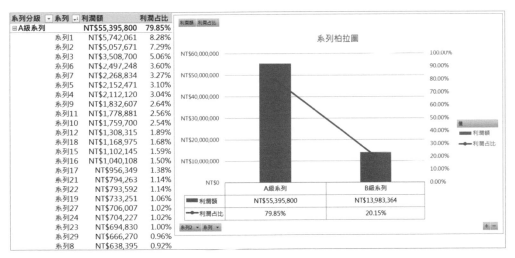

圖 1-10 80/20 法則的系列利潤占比與利潤額分析

接著將進一步探討 A 級系列中，各系列的利潤額、利潤占比與銷售
占比，並比較這些系列的獲利程度，如圖 1-11 所示。

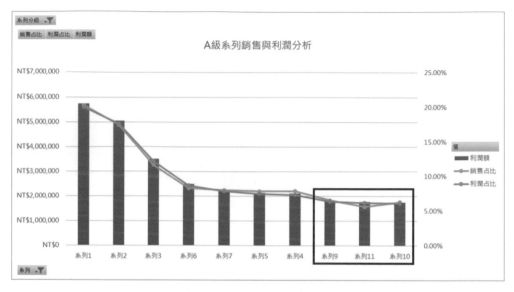

圖 1-11 A 級系列銷售與利潤分析

舉例而言,如圖 1-11 中的方框裡,系列 9、系列 11 與系列 10,三者利潤額相近,但僅有系列 11 利潤占比高於銷售占比。三者比較之下,可得知系列 11 的獲利能力較佳。當企業分配較多行銷資源提升系列 11 的銷售額後,就有機會能比其他兩系列賺取更多的利潤。

如果讀者有興趣瞭解具體的 Excel 操作手法,可先參閱 3.1 節「80/20 法則在商業領域之應用」。

成長率分析

雖然筆者已尋找出值得投注行銷資源的重點系列，但這些系列都是當前熱銷的系列。隨著時間經過，系列的熱度、銷售額與利潤有可能會逐漸下降。

誠如合作的業主所言，快時尚產品生命週期短，而且手頭上通常已無足夠的行銷資源，投注到高獲利的產品了。但還是可將剩餘的經費投入到其他有潛力的產品中。所以業主想要以小博大，持續推出新的系列，或培植未來可能有發展潛力的系列。

筆者以近兩年的利潤成長率分析，找尋如圖 1-12 具有發展潛力的系列，再對利潤成長率進行排序，並由高至低呈現。

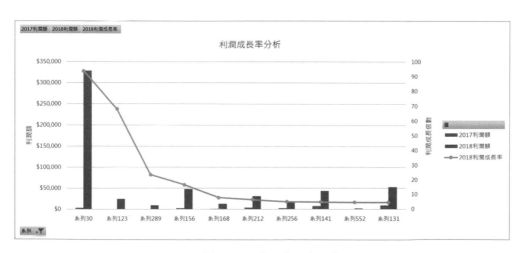

圖 1-12 利潤成長率分析圖

由於利潤成長率公式是以 2017 年的利潤額為基底，來評估 2018 年的成長狀況，所以可能導致 2017 年利潤額過低，但 2018 稍有成長而使利潤成長率過高。以圖 1-12 中的系列 123 為例，其利潤成長率排名第 2，但利潤額卻低於其他系列。

為了修正此點，可挑選利潤成長率前 10 名的系列，並採用 2018 年的利潤額進行排序，如圖 1-13 所示。就可找到當年利潤額不錯，且獲利成長較快的系列。例如系列 30，利潤雖然不及 A 級的系列，但其利潤不錯且具有高成長之可能性。

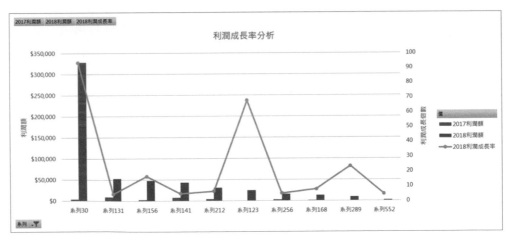

圖 1-13　根據 2018 年利潤高低排序的利潤成長率分析圖

如果讀者有興趣瞭解具體的 Excel 操作手法，可先翻閱 3.2 節「潛力產品分析」先睹為快。

80/20 法則與成長率分析儀表板

為了讓讀者可以更容易地整合上述分析結果，筆者特別製作了「80/20 法則與成長率分析儀表板」，一次呈現所有分析成果，並透過右上角的選取功能查看各項系列的分析結果，如圖 1-14 所示。

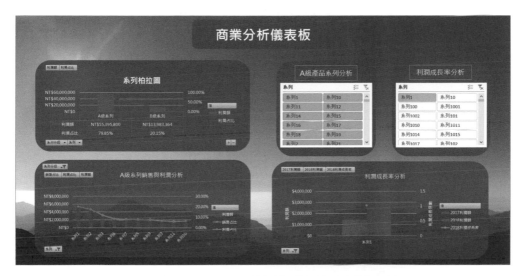

圖 1-14　80/20 法則與成長率分析儀表板

藉由上述分析，我們已經可以解決難題 1：「如何從眾多品項中挑選優先『有利可圖』的產品或系列，以奠基後續行銷資源的優化配置？」

如果讀者有興趣瞭解具體的 Excel 操作手法，可參閱 3.3 節「藉由商品分析儀表板展示多種圖表」。

◎ 推廣分析演示

接下來將透過推廣分析中的「顧客分群」找出具商業價值的顧客群，以解決剩下的兩個難題。

顧客分群

顧客樣貌其實非常多元，如果不對顧客進行分群，以總體的顧客概況進行分析與行銷，將會有很大機率浪費了行銷資源。透過顧客消費資料對顧客分群後，便可選擇適當的客群，並針對客群進行分析，以更精確的方式了解客群需求，制定出更佳的行銷策略。

舉例而言，圖 1-15 呈現全體顧客的輪廓為喜歡使用 App、現金與信用卡服務。但是若見圖 1-16，則可得知不同區隔的顧客各有所好，這意味著對不同的顧客群應投其所好，更精準的了解客群的需求。

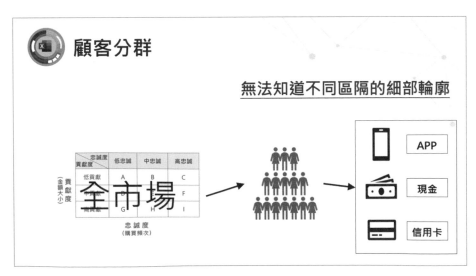

圖 1-15 顧客分群概念示意圖 1

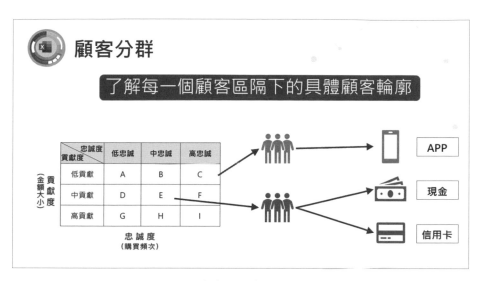

圖 1-16　顧客分群概念示意圖 2

在此案例中，顧客分群以忠誠度（顧客消費次數）與貢獻度（顧客消費金額）兩項指標區分，分為高、中、低三等份，形成三乘三的九宮格，如圖 1-17 所示。越往右下，表示購買次數越高且金額越高，代表這群顧客為高忠誠且高貢獻的，反之則是低忠誠、低貢獻的顧客。

忠誠度　貢獻度	低忠誠	中忠誠	高忠誠
低貢獻	A	B	C
中貢獻	D	E	F
高貢獻	G	H	I

（購買金額）貢獻度

忠誠度
(購買次數)

圖 1-17　顧客分群示意圖

對顧客進行分群後，即可對客群進行分析，以獲得更細部的資訊。
以 A 級系列的系列 1 為範例，透過性別與年齡分析，可得知基礎的
客群樣貌，且可點選左方客群的標籤，查看不同客群的性別比，如
圖 1-18。

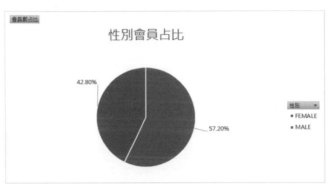
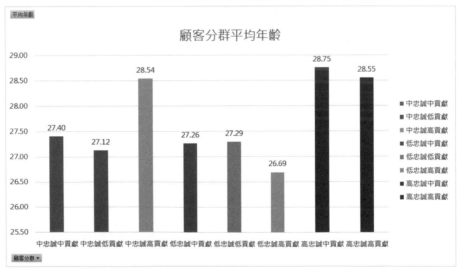

圖 1-18 客群樣貌分析

接著，再進一步分析客群的總利潤額與客群數，即可衡量客群的市場大小與顧客的價值，如圖 1-19 所示。

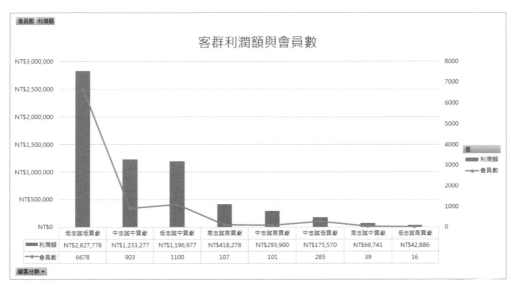

圖 1-19　客群利潤與會員數圖

從圖 1-19 中可發現，「中忠誠且中貢獻」與「低忠誠且中貢獻」兩群利潤額相近，但前者的會員數低於後者，可知前者顧客所能帶來的平均利潤高於後者。因此，在資源有限的情況下，「中忠誠且中貢獻」即為行銷的優先客群。

若尋找到想要的客群後，可藉由產品銷售與利潤分析，得知該客群喜好消費的產品為哪幾項，以制定更多的行銷策略。例如：產品組合、產品推薦等，如圖 1-20 所示。

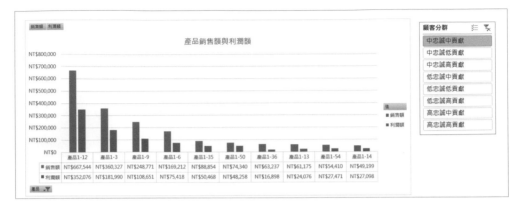

圖 1-20 客群產品分析

藉由右邊選取「中忠誠且中貢獻」的客群,查看產品銷售額與利潤額數值,便可快速得知該客群喜好的產品,依利潤順序為產品 1-12、1-3…等。

藉由上述分析,我們已經可以解決難題 2:「如何將顧客分群,進而尋找有價值的顧客進行行銷?」

如果讀者有興趣瞭解具體的 Excel 操作手法,請參閱 4.1 節「顧客分群:從顧客中找到好顧客」。

廣告分析

鎖定了目標客群之後，即可以根據客群與產品，進行廣告分析，如圖 1-21 所示。

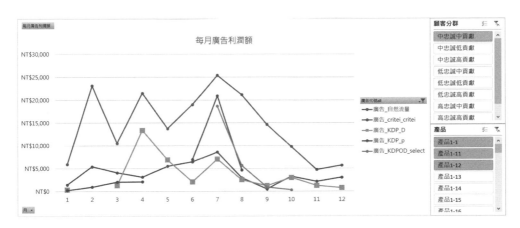

圖 1-21　每月廣告利潤額圖

藉由點選右方「中忠誠且中貢獻」與產品 1-1、1-11、1-12，查看特定產品與客群下每月廣告利潤額的表現，尋找特定時間下最合適的廣告。例如：廣告 KDP_D（圖中方型節點）於 4-5 月份表現亮眼，但 9-12 月份表現平淡。

當廣告利潤額相近時，可透過廣告的交易筆數與利潤額比較得知廣告的效益，如圖 1-?? 所示。

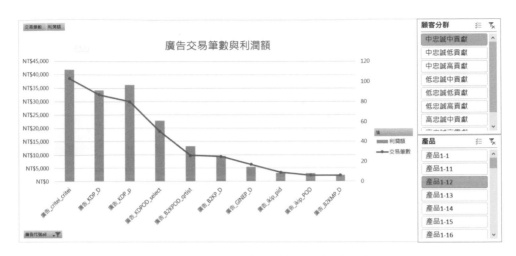

圖 1-22 廣告交易筆數與利潤額分析圖

在「中忠誠且中貢獻」且產品為 1-12 的條件下，以廣告 _KDP_D 與
廣告 _KDP_p 為例，後者利潤額高且交易筆數較少，可得知後者廣
告效益高，每一筆帶入的交易平均利潤高於前者。在預算有限時，
即可優先選擇廣告 _KDP_p 來推產品 1-12 給中忠誠且中貢獻的客群。

藉由上述分析，我們已經可以解決難題 3：「如何有效率地分配廣告
資源？」

如果讀者有興趣瞭解具體的 Excel 操作手法，請參閱 4.2 節「哪些廣
告效益才是最有效的」先睹為快。

儀表板展示

在解決了三大基礎難題後，一張張的圖表切換、尋找與分析，會讓
人在探索商業意涵的同時，也造成諸多不便。所以筆者特別為讀者
精心製作了以本書為主的「Excel 分析全模組儀表板」，一次展示多

張圖表,並且可以用滑鼠點擊即可取代商務洞見,讓讀者在匯報、檢閱時都相當方便。

以「中忠誠且中貢獻」為例,藉由右方選取「中忠誠中貢獻」標籤,便可從「性別會員占比圖」得知女性顧客略高於男性;從「顧客分群平均年齡圖」得知其平均年齡約為 27 歲;從「客群利潤額與會員數圖」得知其會員數 903 人;從「產品銷售額與利潤額圖」得知其偏好購買產品 1-12、1-3 等,如圖 1-23 所示。

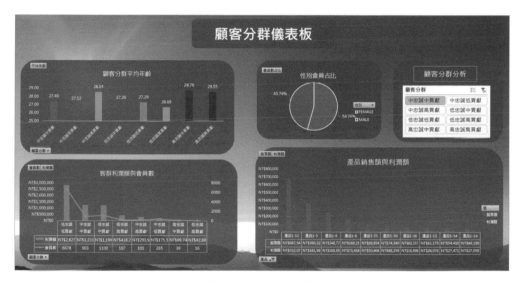

圖 1-23 顧客分群儀表板

在顧客輪廓應用方面,讀者可以更明確地設定出數位行銷的目標客群樣貌,精確打中相對喜好產品 1-12、1-3 等的顧客群;在 CRM 行銷推播時,也可推廣產品 1-12、1-3 等產品,給符合這群顧客樣貌,且喜好系列 1 但沒購買過產品 1-12、1-3 的舊客。

接下來，筆者也同時建立了廣告效益分析儀表板，如圖 1-24 所示。

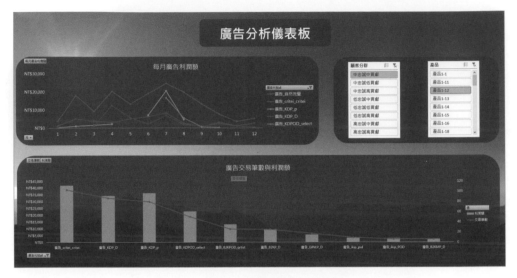

圖 1-24　廣告分析儀表板

首先，點選右邊的「中忠誠中貢獻」標籤，並選取該客群偏好的產品 1-12 為例。接著，可於「每月廣告利潤額」圖中找尋最適廣告，可見「廣告 _critei_critei」與「廣告 _KDP_D」兩者表現穩定皆是不錯的選擇，但在夏季，「廣告 _KDP_p」表現最佳。

在廣告分析應用方面，筆者建議分配行銷資源給此三項廣告，同時，在後續廣告活動策劃時，可參考三項廣告特點，並參照客群樣貌的性別與年齡，製作更符合客群需求的廣告活動，讓不同產品的廣告投放都能達到「資料驅動決策」（data driven decision making）的效果。

基礎練習與資料前處理實戰

2.1 分析前資料清理

2.1.1 為何進行資料清理？

資訊界有句流傳逾半世紀的名言，叫做「垃圾進、垃圾出（Garbage in, garbage out）」，如圖 2-1 所示。在我們執行資料分析前，若資料沒有妥善的處理好，之後不論採用多麼高深的分析手法，管理者都很難建立起以「資料導向」（Data Driven）來做決策的模式，甚至可能會做出錯誤的決定。

圖 2-1 垃圾進、垃圾出（Garbage in, garbage out）（繪圖者：周晏汝）

雖然目前電商、零售業已經可以從系統中，直接取得相關的銷售資料，但這些資料還是有很高的機率會出現異常值。常見的異常值包括缺失值、離群值、重複值等，這些錯誤都會直接影響到分析結果，所以如何有效率地處理大量資料就成了資料分析時的重要課題。

本章的操作環節，將實戰多種資料情境，幫助您熟悉 Excel 中的資料清理手法。

本章所有的 Excel 操作檔案可進入下述網址或 QR code 後，於「章節資源下載」頁面進行下載：

https://tmrmds.co/excel-biz-book/

2.1.2 資料前處理實戰

◎ 資料整理－資料型態變更

數據分析是以資料型態為基礎進行分析，所以將資料轉換成正確的型態是首要條件。資料型態的掌握同時能幫助我們建立正確的分析觀念。本次操作將資料型態分為「數值」、「文字」、「日期」三大類。

● 文字是作類別區分，如 ：系列、性別、產品…等。

● 數值是進行計算，如 ：年齡、銷售額…等。

● 日期是協助鎖定特定時間的相關資料，如 ：2016 年銷售額。

資料型態的變更，在 Excel 中也意味著呈現方式的不同，文字型態在儲存格中會靠左呈現、數值靠右，不同的類別型態有不同種類的呈現方法，在「設定儲存格格式」功能中都能進行設定。

分析前，我們需要根據不同資料特性，判斷銷售資料中各欄位的資料型態，如表 2-1。我們將在實際演練 1 當中，根據表 2-1 進行資料型態轉換，以適當的方式呈現資料，同時幫助讀者更進一步了解資料。

表 2-1　銷售資料欄位資料型態

欄位名稱	型態
ID	文字
訂單時間	時間
會員	文字
性別	文字
年紀	數值
廣告代號all	文字
系列	文字
產品	文字
顏色	文字
尺寸	文字
單價	數值
成本	數值

實際演練 1　│　資料型態轉換

根據不同資料特性，判斷銷售資料中各欄位的資料型態，如表 2-1 所示。

1. 選取欄位，點選英文字的欄位部分，即可選取整欄（如圖 2-2）。

2. 點選「常用」（如圖 2-2）。

3. 點選數值區的右下角開啟「設定儲存格格式」（如圖 2-2）。

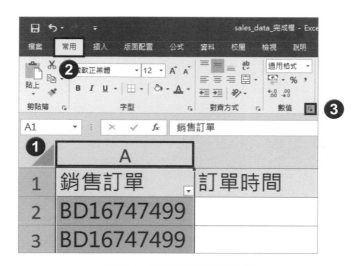

圖 2-2 資料型態轉換步驟

4. 選取轉換的類別與呈現的方式（如圖 2-3）。

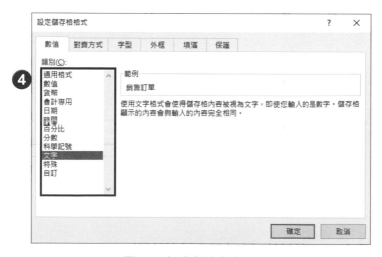

圖 2-3 設定儲存格格式

請讀者按照圖 2-2 與圖 2-3 於（1）－（4）的步驟，逐步將每一個欄位轉換至正確資料型態，可參照表 2-1 。建議讀者在進行每一個操作步驟時，可以思考該欄位是屬於哪種資料型態，藉此建立正確的資料型態觀念，對於後續資料分析會有很大的助益。

◎ 資料檢查－空格與異常值

轉換型態後，為了避免資料中的異常值影響分析結果，我們可以進行資料檢查，同時著手處理異常值。

實際演練 2、3 中將會介紹兩種快速檢查資料是否有異常值的存在。

實際演練 2 ｜ 資料檢查方法 1

1. 點選「常用」（如圖 2-4 ）。

圖 2-4 「常用」功能區

2. 點選「排序與篩選」（如圖 2-5 ）。

3. 點選「篩選」（如圖 2-5 ）。

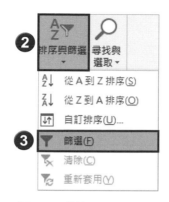

圖 2-5 「篩選」功能區

4. 開啟篩選功能後，可以點選第一列右下角的三角形，檢視該欄位的資料（如圖 2-6）。

圖 2-6 開啟篩選功能示意圖

藉此方法，我們可以檢視該欄位的內容是否有出現異常值，如果資料中有空格會列於最後一項。

從圖 2-6 的性別欄位中，可以觀察到有空格的出現，我們會在實際演練 4、5 中說明如何處理這些異常資料。

接下來，將介紹第二種在處理數值類型的資料時，能夠快速檢視是否有異常值出現的方式。

實際演練 3 ｜資料檢查方法 2

1. 在下方顯示列空白處按下右鍵（如圖 2-7）。

2. 將「最大值」、「最小值」勾選（如圖 2-7）。

圖 2-7 設定狀態列資訊

3. 選取數值類型欄位，便可以在下方狀態列顯示相關資訊（如圖 2-8）。

圖 2-8 狀態列顯示相關資訊

從圖 2-8 結果中可得知，年紀欄位最小為 0、最大為 1944，明顯可看出該欄位資料中具有異常值。

藉著以上兩種方式，能快速檢視資料的內容。下一階段我們將演練如何處理資料中的異常值，避免對分析結果造成嚴重影響。

◎ 資料清理－異常資料處理

異常值處理的常見手法有兩種，各有其優缺點。我們可根據不同的情況選擇不同的方法：

1. 刪除異常值：保留資料真實樣貌。缺少的資料有可能會降低分析效益，建議刪除前可以與需求單位討論其接受程度。根據筆者的經驗，若其異常值占總資料的 5% 以內，都是可以接受的範圍。

2. 填入平均值：以平均值取代異常值，降低異常值的影響。但此做法會導致分析結果趨近於平均，也建議填入前，與需求單位討論其接受程度。

在實際演練 4 中，性別欄位的空值將採用刪除的方式進行，接著實際演練 5 將操作如何使用平均值取代年紀中的異常值。

實際演練 4 ｜刪除錯誤值實際演練

1. 點選 D 欄位，進行性別欄位選取 （如圖 2-9）。

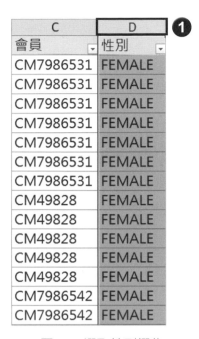

圖 2-9　選取性別欄位

2. 找到「常用」→「尋找與選取」→「特殊目標」（如圖 2-10）。

圖 2-10　選取「特殊目標」功能

3. 選取「空格」,按下確定,藉此可以選取性別欄位中的空格(如圖 2-11)。

圖 2-11 選取「空格」功能

4. 目前已選取性別為空格的銷售資料,接下來進行刪除,找到「常用」→「刪除」→「刪除工作表列」,即可刪除性別為空格的銷售資料(如圖 2-12)。

圖 2-12 刪除空格的資料列

實際演練 5 ｜填入平均值

將異常值取代為平均值，首先需計算不含異常值的平均值，再以正確的平均值取代異常值。

1. 使用篩選功能，篩選出正常的年齡區間，點選年紀欄位下的「篩選」→「數字篩選」→「介於」（如圖 2-13）。

圖 2-13 開啟「篩選」功能

2. 在此情境假設為 18 ～ 75 為正常年齡，區間可按照實際情況調整（如圖 2-14）。

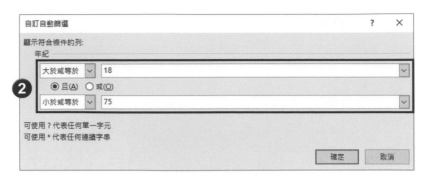

圖 2-14 設定正常年齡篩選區間

3. 篩選成功後,選取年紀欄位,查看下方狀態列,得知平均值為 32(如圖 2-15)。

圖 2-15 年紀欄位篩選過後資料示意圖

4. 為了將異常值取代為年齡平均值 32，需先選取異常值，點選年紀欄位的「篩選」→「數字篩選」→「自訂篩選」（如圖 2-16）。

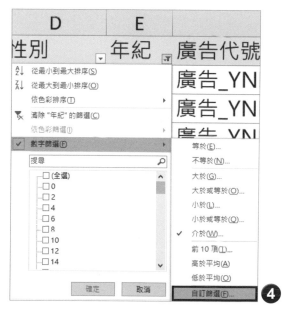

圖 2-16 開啟「篩選」功能

5. 篩選年齡小於 18 或大於 75 的年齡，藉此選取異常值（如圖 2-17）。

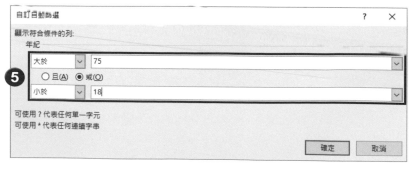

圖 2-17 設定異常年齡篩選區間

6. 選取篩選後年紀欄位中的資料，點選年紀的第一列資料，按下 Ctrl + Shift + ↓，將異常年紀進行選取（如圖 2-18）。

7. 資料編輯列中輸入 32 ，按下 Ctrl + Enter 使選取中的儲存格填入平均值，便成功的將平均值取代異常值（如圖 2-18）。

| E1609 | **7** | ✕ ✓ *fx* | 32 |

1 6	E 年紀	廣告
1609	32	廣告
3167	32	廣告
3168	32	廣告
3635	32	廣告
3636	32	廣告
5098	32	廣告
5232	32	廣告
5233	32	廣告
5276	32	廣告
5277	32	廣告
5405	32	廣告
5825	32	廣告

圖 2-18 使用平均值取代異常值示意圖

8. 開啟篩選功能，查看年紀欄位中數值，空格仍需進一步處理（如圖 2-19）。

圖 2-19 年紀欄位中仍有空格未處理

9. 點選 G 欄，找到「常用」→「搜尋與選取」→「特殊目標」→選取「空格」，藉此將年紀欄位中的空格選取。

10. 輸入平均值 32 →按下 Ctrl +Enter，將選取的空值都填入 32。

藉由以上實際演練 4、5 中的兩種方式，讀者可根據自身需求選擇適合的處理方法。

◎ 資料剖析－價值資料提取

有時資料內容相當冗長，具有價值的資料僅占其中一部份。為了提高效率與效益，可以對重點部分進行提取，此時就需使用到資料剖析的技術。例如：每月銷售額，就必須從時間欄位中提取月份，並加總相同月份的銷售額。

資料剖析在 Excel 常見有兩種處理手法：

● 使用函數，但操作的複雜程度會根據情況而有所變化。

● 透過「資料剖析」功能，用點選方式使用該功能，容易上手。

在實際演練 6、7 中，將說明如何透過函數進行處理。實際演練 8 則使用「資料剖析」功能，操作從訂單時間欄位提取月份與年份兩項資料，為後續更進階的分析做足準備。

實際演練 6 │ 透過函數提取年份

1. 選取會員欄位（如圖 2-20）。

2. 在訂單時間的右方插入兩個欄位，找到「常用」→「插入」→「插入工作表欄」（如圖 2-20）。

圖 2-20　訂單時間右方插入欄位步驟

3. 在新增的欄位第一列輸入年與月（如圖 2-21）。

4. 在年欄位下方輸入 =YEAR（B2），使用 YEAR 可以提取儲存格
　　內的年份（如圖 2-21）。

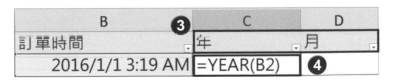

圖 2-21　YEAR 函數使用

5. 將游標移至函數儲存格右下角，呈現黑十字時，快速點選右鍵兩
　　下，將函數向下填滿（如圖 2-22）。

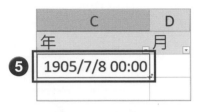

圖 2-22 函數填滿

6. 選取年欄位，並將儲存格設為「一般」，因為函數不屬於數字、文字或時間，變更為「一般」使函數正常呈現，便可以從銷售時間提取年份（如圖 2-23）。

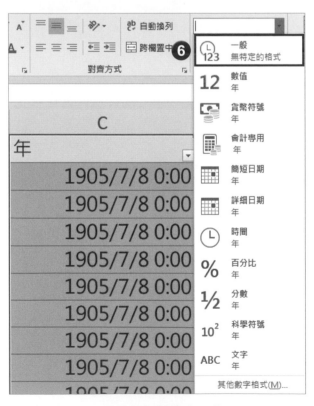

圖 2-23 設定儲存格格式為「一般」

實際演練 7 │ 透過函數提取月份

1. 月份欄位下儲存格輸入 =MONTH（B2），此一函數將會提取儲存格中的月份（如圖 2-24）。

2. 將游標移至儲存格右下角，呈現黑十字時，快速點選右鍵兩下，將函數向下填滿（如圖 2-24）。

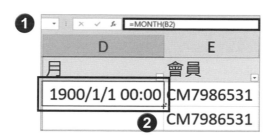

圖 2-24 MONTH 函數使用

3. 選取月欄位，將儲存格格式設為「一般」（如圖 2-25）。

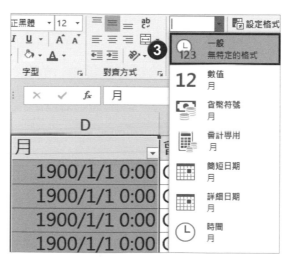

圖 2-25 設定儲存格格式為「一般」

4.　游標移至上方 C 欄與 D 欄的界線，快速點選兩下能自動調整欄
　　寬（如圖 2-26）。

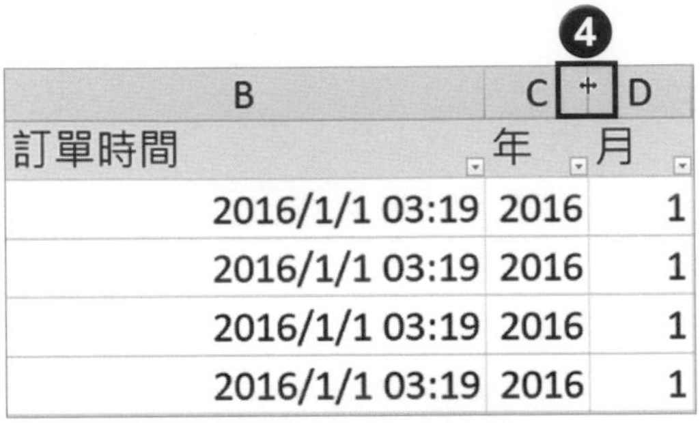

圖 2-26　快速調整欄寬

以上即是透過 YEAR、MONTH 函數提取出年與月的作法。資料剖析
經常會因為情況不同導致使用的函數越來越多、越來越複雜。當過
於複雜時就可以使用第二種方式，透過 Excel 內建的「資料剖析」功
能進行。

實際演練 8 ｜「資料剖析」提取年份與月份

使用「資料剖析」功能，同樣提取訂單時間中的月與年，兩種不同
的方法，可以讓使用者依據情況加以選用。

1.　選取訂單時間欄位（如圖 2-27）。

2.　選取「資料」→「資料剖析」（如圖 2-27）。

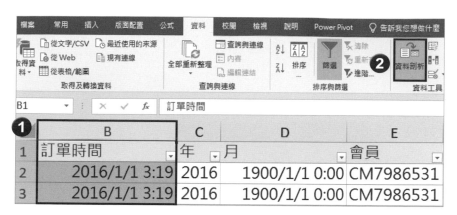

圖 2-27 選取欄位與點選資料剖析功能

3. 訂單時間中的年、月、日是使用符號進行區分,所以選取「分隔符號」,固定寬度更適合於固定長度的資料,例如電話號碼、身分證字號等(如圖 2-28)。

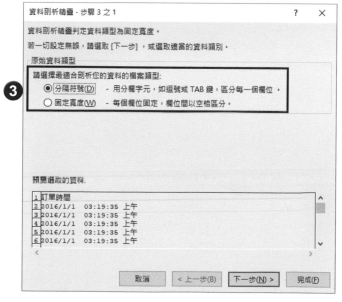

圖 2-28 選取分隔符號作為剖析方式

4. 將目標儲存格設為 $O$1,避免輸出結果與原先的資料重疊,可以看到在預覽分欄結果中,年與月成功被剖析為兩個欄位(如圖 2-29)。

圖 2-29 設定目標儲存格

5. 將欄位的名稱更改為年與月,就能取出年與月的資料(如圖 2-30)。

O	P	Q	R
年	月		
2016	1	1 03:19:35 上午	
2016	1	1 03:19:35 上午	
2016	1	1 03:19:35 上午	
2016	1	1 03:19:35 上午	
2016	1	1 03:19:35 上午	
2016	1	1 03:19:35 上午	

圖 2-30 資料剖析完成示意圖

資料整理手法非常多種，必須按照實際情況選擇適當的方法進行處理，才能夠達到效益與效率兼具的結果。

2.2 表格與樞紐分析表－面面俱到的強大計算機

2.2.1 使用表格的好處

使用表格主要有兩大好處：

- 公式自動擴展：於表格中的欄位使用函數時，函數將會自動填滿整個欄位，無須手動向下進行填滿。

- 增減資料範圍：以表格做為分析來源，在資料增減時，只需透過系統中的重新整理功能，即可更新分析結果，例如：應用於資料會隨時間增加的情形，無須進行過多的調整，透過重新整理，便可得知新資料的分析結果。

2.2.2 樞紐分析表與圖

樞紐分析是 Excel 中相當重要的功能，多運用於計算敘述性統計，幫助我們從資料中獲取資訊，樞紐分析同時還提供視覺化功能，將計算結果以圖表呈現。

樞紐分析能快速計算總額、平均值、占比等數值,舉產品銷售額前十名為例(如圖 2-31),藉由樞紐分析功能,可以從銷售資料中計算出每項產品銷售額,接著選取銷售額前十名,並視覺化為圖表(如圖 2-32),幫助我們了解各項產品的銷售狀況。

產品 ↴	銷售額
產品1-12	NT$3,424,709
產品6-12	NT$2,999,324
產品1-3	NT$1,925,612
產品9-12	NT$1,777,457
產品12-12	NT$1,662,738
產品2-35	NT$1,554,002
產品2-12	NT$1,226,330
產品15-12	NT$1,165,537
產品4-3	NT$1,143,789
產品11-12	NT$1,141,553

圖 2-31 產品銷售額前十名樞紐分析表

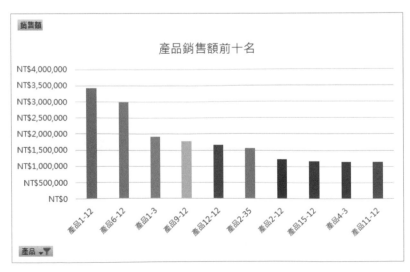

圖 2-32 產品銷售額前十名樞紐分析圖

樞紐分析的功能相當全面，也是本書進行分析時的主要工具。在後續的章節中，經常會用到樞紐分析的功能，也希望透過各種分析，能夠協助讀者掌握樞紐分析的精髓。

2.2.3　樞紐分析表實戰

◎ 從銷售資料建立表格

將資料建立表格，能提供後續分析較好的資料來源格式。在實際演練 1 中，將實際操作如何建立表格；在實際演練 2、3 裡，藉由不同的情境演練，讓讀者體會以表格作為資料來源的兩大好處。

實際演練 1 ｜ 建立表格

1. 點選銷售資料中任一儲存格（如圖 2-33）。

2. 找到並選取「插入」→「表格」，或點擊 Ctrl + T 快速建（如圖 2-33）。

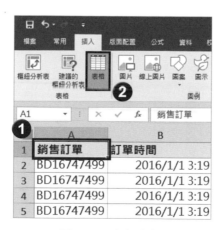

圖 2-33　建立表格

3. 此時系統會自動偵測資料範圍，並勾選「我的表格有標題」，按下確定建立銷售資料表格（如圖 2-34）。

圖 2-34 建立表格設定

4. 選取表格中儲存格→點選「設計」功能區→設定表格名稱為「銷售資料」，每一個表格都有名稱，設定表格名稱有助於我們找尋正確的資料（如圖 2-35）。

5. 點選「表格工具」→「設計」，可在「表格樣式選項」與「表格樣式」中進行表格顏色設定（如圖 2-35）。

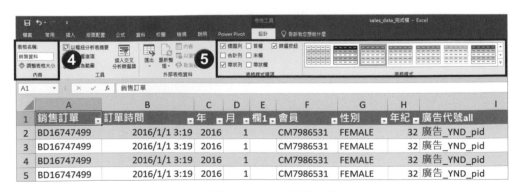

圖 2-35 表格設計功能區

表格的設計可以自訂化，建立表格時也會自動開啟篩選功能，藉由
篩選功能查看不同條件下的銷售資料，如：2016 年 1-3 月系列一銷
售資料，表格的優點很多，實際演練 2、3 將一一展示這些優點。

實際演練 2 ｜ 表格擴展函數展示

建立完表格後，我們將使用函數提取訂單時間中的年，體驗表格自
動擴展公式的方便之處。

1. 選取 E 欄（如圖 2-36）。

2. 按下右鍵，找到並選取「插入」，在會員欄位左方新增一欄（如
   圖 2-36）。

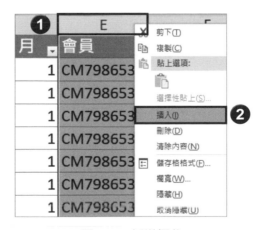

圖 2-36 新增欄位

3. 設定欄位名稱，需注意表格內欄位名稱不能重複（如圖 2-37）。

4. 第一列輸入 =YEAR（[@ 訂單時間]），在輸入參數時也可以使用游標點選訂單時間欄位下儲存格，設定完成按下 Enter。此時公式會自動向下擴展至整個欄位，不需手動操作（如圖 2-37）。

圖 2-37 表格公式擴張示意圖

當資料欄位很多時，僅需輸入單一儲存格，就可以自動套用到整個欄位，自動擴展公式可以大幅提昇效率。

實際演練 3 ｜ 表格資料更新展示

使用表格的第二個好處為「自動新增資料範圍」。資料會隨著時間逐漸增加，如果每新增一筆資料都需重新設定資料來源的範圍，相當費工，我們可以藉由表格避免此情況的發生。

當新的一筆資料放入表格中，可以藉由 Excel 的功能更新資料來源，將分析結果與圖表一併更新。

1. 移至資料底端，觀察表格的範圍可以得知，表格的樣式只套用到 259120 列（如圖 2-38）。

	A	B	C
1	銷售訂單	訂單時間	年
259117	BD16854744	2018/12/23 13:18	2018
259118	BD16938301	2018/12/27 16:28	2018
259119	BD16954301	2018/12/29 3:46	2018
❶ 259120	BD16700616	2018/12/19 5:00	2018
259121			
259122			

圖 2-38 資料底端示意圖

2. 在 259121 列新增一筆資料，此時系統會將此筆資料視為表格的一部分，自動擴大表格的範圍，並套用表格樣式（如圖 2-39）。

	A	B
1	銷售訂單	訂單時間
259117	BD16854744	2018/12/23 13:18
259118	BD16938301	2018/12/27 16:28
259119	BD16954301	2018/12/29 3:46
259120	BD16700616	2018/12/19 5:00
❷ 259121	新資料	

圖 2-39 表格新增資料示意圖

◎ 製作樞紐分析表與圖

實際演練 4 將介紹如何使用樞紐分析計算產品銷售額前十名，實際演練 5 中透過樞紐分析圖視覺化計算結果。

實際演練 4 ｜樞紐分析表實際演練

1. 選取銷售資料表格中任一儲存格（如圖 2-40）。

2. 點選「插入」→「樞紐分析表」（如圖 2-40）。

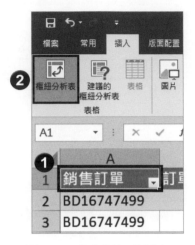

圖 2-40 建立樞紐分析表

3. 確認分析的資料來源為「銷售資料」的表格（如圖 2-41）。

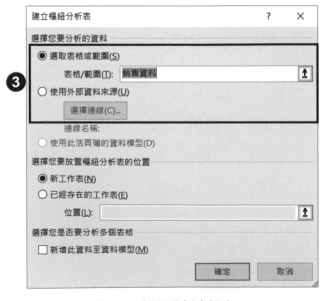

圖 2-41 樞紐分析表設定

4. 成功建立樞紐分析表後，接著進到計算環節，將產品欄位從上方拖曳至列（如圖 2-42）。

5. 計算的值為銷售額，因此將單價拖曳至值，便可以計算出各項產品的銷售額（如圖 2-42）。

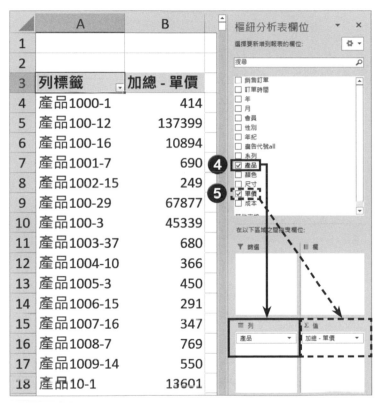

圖 2-42 產品銷售額樞紐分析表

6. 更改樞紐分析欄位名稱為「產品」與「銷售額」（如圖 2-43）。

7. 選取產品欄位中儲存格→右鍵「篩選」→「前 10 項」，藉由此功能我們可以呈現產品銷售額前 10 名，而非全品項（如圖 2-43）。

圖 2-43　樞紐分析表欄位名稱設置與開啟篩選功能

8. 設定篩選條件為銷售額前十項之產品（如圖 2-44）。

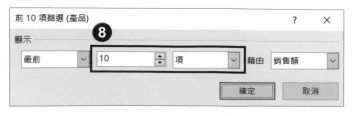

圖 2-44　篩選條件設置

9. 選取「銷售額」欄位下的儲存格，按下右鍵選取「數字格式」（如圖 2-45）。

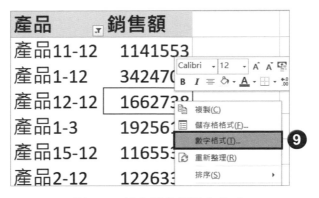

圖 2-45 設定銷售額數字格式

10. 設定儲存格格式，選取「貨幣」，小數位數為 0，即可將樞紐分析表中的銷售額以貨幣格式呈現，完成產品銷售額前十名的樞紐分析表（如圖 2-46）。

圖 2-46 設定銷售額儲存格格式

樞紐分析就像個多功能計算機，可以幫助我們算出需要的結果。後續章節將會大量運用樞紐分析，從資料中整理與運算，進而產出商業價值。

實際演練 5　│ 樞紐分析圖實際演練

樞紐分析圖可以將樞紐分析表結果視覺化，藉由圖表能更容易地察覺分析結果的變化。

1.　點選計算後的樞紐分析表→選取「樞紐分析表工具」→「分析」→「樞紐分析圖」（如圖 2-47）。

圖 2-47　建立樞紐分析圖

2.　選取「直條圖」→「群組直條圖」，製作圖表（如圖 2-48）。

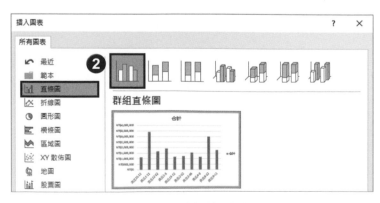

圖 2-48　繪製群組直條圖

3. 圖表標題變更為「產品銷售額前十名」。

4. 選取銷售額欄位儲存格，按下右鍵選取「排序」→「從最大到最小排序」，讓圖表中產品銷售額由高到低排序（如圖 2-49）。

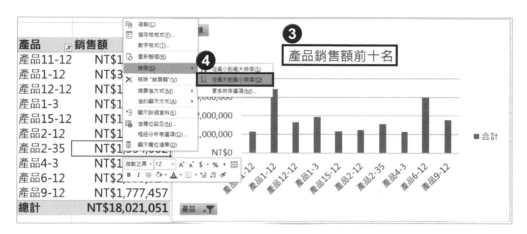

圖 2-49 圖表名稱設定與銷售額大到小排序

5. 點選圖表，游標置於圖表中，按右鍵選取「圖表區格式」（如圖 2-50）。

圖 2-50 開啟圖表區格式

6. 圖表中呈現數據的工具稱之為「資料數列」，在此圖表則為直條狀的資料數列，點選圖表中任一資料數列（如圖 2-51）。

7. 選取「填滿與線條」→「填滿」→「依資料點分色」，可將圖表中的數列填滿不同的色彩（如圖 2-51）。

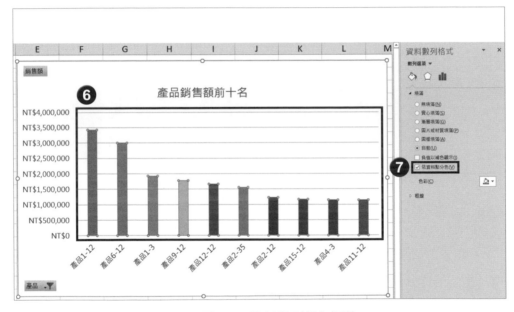

圖 2-51 資料數列顏色調整

8. 選取「樞紐分析圖」→「工具」→「設計」→「變更色彩」，可以變更圖表的色彩（如圖 2-52）。

透過實際演練 5 可以完整的繪製出產品銷售額圖表，相對於原先的樞紐分析表，善用圖表能夠更快地找出分析重點（如圖 2-52）。

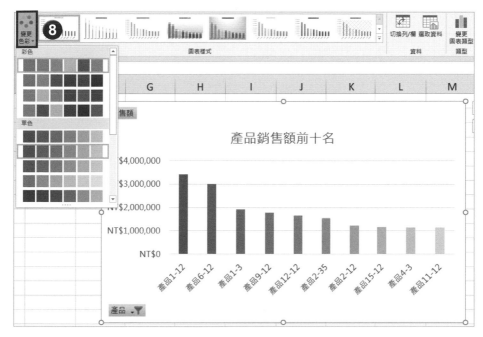

圖 2-52 變更圖表色彩

2.3 一眼看出數據大小與分佈

2.3.1 利用圖表呈現數據結果

樞紐分析圖可以繪製出各式各樣的圖表，正確的使用圖表呈現分析結果，能夠幫助資訊接收者快速理解，進而做出更好的決策。

接下來將介紹各種圖表的特性，並藉由實際演練精熟各式圖表繪製方法。本節將介紹直方圖與長條圖。

直方圖適合應用於連續性且有順序的資料，例如：年齡、身高等。我們可以藉由直方圖來表示資料的分布情況，且直方圖中的組距是無間隔的。

我們在實際演練 1、2 中將運用銷售資料製作年齡銷售分布圖（如圖 2-53）。藉由此圖，可以得知主要的消費力是落在哪個年齡層。

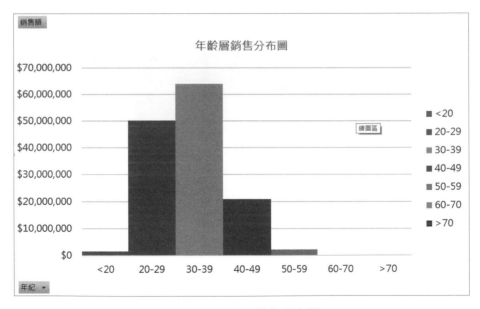

圖 2-53 年齡層銷售分布圖

長條圖適合應用於不連續性資料，例如：性別、產品等。長條圖中因為資料的不連續性，組距是有間隔的，藉由長條圖能夠比較彼此的差異。

廣告銷售額長條圖（如圖 2-54）可以用來比較各項廣告效益，以利後續行銷活動之決策的制定。

圖 2-54 廣告銷售額長條圖

2.3.2 繪製直方圖與長條圖

實際演練 1 ｜年齡層銷售分布樞紐分析表

1. 以銷售資料為例，找到並選取「插入」→「樞紐分析表」，建立樞紐分析表。

2. 將年紀拖曳放入列，單價放入值，就能計算出不同年紀下的銷售額（如圖 2-55）。

3. 更改樞紐分析表欄位名稱（如圖 2-55）。

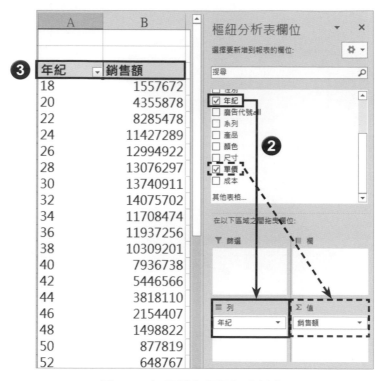

圖 2-55 年紀銷售額樞紐分析表

4. 選取銷售額欄位儲存格→右鍵選取「數字格式」，開啟「設定儲存格格式」頁面（如圖 2-56）。

5. 類別選取「貨幣」，小數位數設為 0（如圖 2-56）。

圖 2-56 設定銷售額儲存格格式

6. 選取年紀欄位儲存格，右鍵選取「組成群組」（如圖 2-57）。

圖 2-57 建立年紀群組

7. 設定群組參數，開始點、結束點與間距值，可以根據不同情形調整其中參數（如圖 2-58）。

圖 2-58 群組參數設定

透過群組功能即可將年紀分為不同區間形成年齡層，並加總銷售額，就可以看出不同年齡層的銷售狀況。在圖 2-59 中，可以觀察到消費主力為年齡 30 ～ 39 歲與 20 ～ 29 歲這兩個族群。

年紀	銷售額
<20	$1,557,672
20-29	$50,139,864
30-39	$63,908,695
40-49	$20,854,643
50-59	$2,252,561
60-70	$185,411
>70	$7,067
總計	$138,905,913

圖 2-59 年齡層銷售額樞紐分析表

實際演練 2 將延續實際演練 1 的樞紐分析表進行樞紐分析圖的建立，其中資料的年齡是屬於連續性且有順序的資料，所以年齡層銷售分布採用直方圖呈現。

實際演練 2 ｜年齡層銷售分布樞紐分析圖

年齡是連續性且有順序的資料，所在年齡層銷售分布採用直方圖呈現。

1. 選取樞紐分析表→點選「樞紐分析工具」→「分析」→「樞紐分析圖」。

2. 選取「直條圖」→「群組直條圖」（如圖 2-60）。

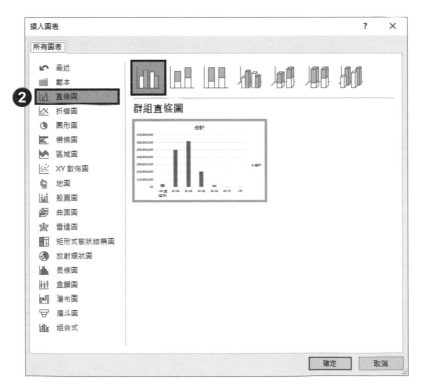

圖 2-60　建立直方圖

3. 更改圖表標題為「年齡層銷售分布圖」（如圖 2-61）。

4. 選取圖表中資料數列→點選「填滿與線條」→「填滿」→勾選「依資料點分色」，將圖表中數列填滿不同色彩（如圖 2-61）。

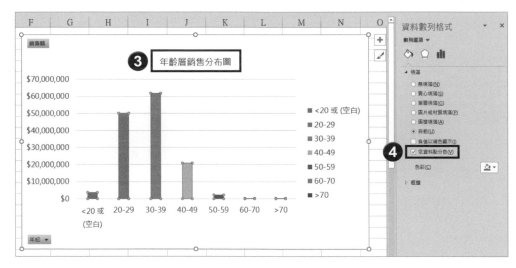

圖 2-61　設定圖表標題與資料數列色彩

5. 直方圖中，組距與組距是沒有間隔的，在 Excel 中我們必須透過調整資料數列設置達到此效果，點選圖表中的資料數列→選取「數列選項」→將「數列重疊」與「類別間距」設為 0%（如圖 2-62）。

圖 2-62 設定組距間隔

6. 選取年齡層銷售分布圖→「樞紐分析圖工具」→「設計」→「變更色彩」，可變更圖表顏色（如圖 2-63）。

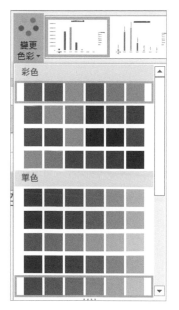

圖 2-63 樞紐分析圖變更色彩

7. 如變更色彩中無喜歡的顏色，可選取「版面配置」→「色彩」，
   變更整個 Excel 主題顏色（如圖 2-64），圖 2-63 中的色彩選項
   也會同步變更。

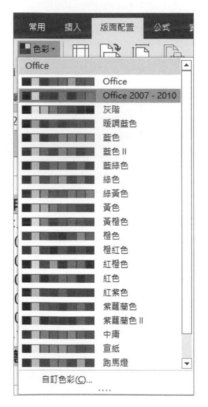

圖 2-64 Excel 主題色彩變更

設置完後，讀者可從圖 2-65 中觀察到，銷售額大多都分布於 20 ～
39 年齡區間，在閱讀圖表時需注意，資料處理階段（2.1 節）我們
將年紀的異常值以平均值 32 填入。但這樣的做法，會導致 32 歲的
銷售額有高於實際的情況（如圖 2-65）。

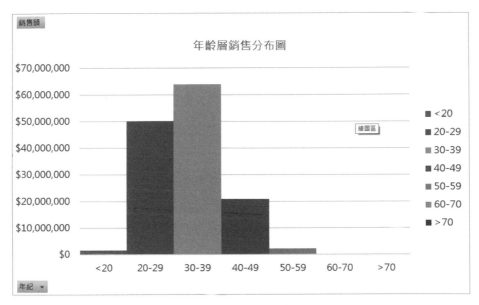

圖 2-65 年齡層分布圖

實際演練 3 ｜廣告銷售額樞紐分析表

1. 以銷售資料為例，找到並選取「插入」→「樞紐分析表」建立樞紐分析表。

2. 將廣告代號 all 拖曳放入列，單價放入值，藉此計算出不同廣告的銷售額（如圖 2-66）。

3. 更改樞紐分析表欄位名稱（如圖 2-66）。

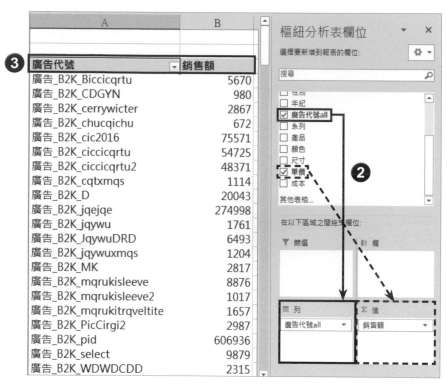

圖 2-66 廣告銷售額樞紐分析表

4. 選取銷售額欄位儲存格→右鍵選取「數字格式」，開啟「設定儲存格格式」頁面。

5. 類別選取「貨幣」，小數位數設為 0。

6. 選取銷售額欄位儲存格→右鍵「排序」→「從大到小排序」（如圖 2-67）。

圖 2-67 銷售額由大到小排序

7. 選取廣告代號欄位中儲存格，右鍵「篩選」→「前 10 項」，並
於「前 10 項篩選」中，設定最前 10 項銷售額，藉此顯示銷售
額較好的廣告（如圖 2-68）。

圖 2-68 設定篩選條件

廣告銷售額樞紐分析圖可幫助我們檢閱銷售資料中各項廣告效益（如圖 2-69）。

廣告代號	銷售額
廣告_自然流量	$56,005,803
廣告_KDP_D	$17,077,856
廣告_critei_critei	$16,286,486
廣告_B2KP_D	$10,418,895
廣告_KDP_p	$5,890,220
廣告_KDPOD_select	$4,667,800
廣告_qdwit_pid	$2,395,160
廣告_ikip_POD	$2,294,673
廣告_GINEP_D	$1,886,907
廣告_edmP_D	$1,862,966
總計	$118,786,766

圖 2-69 廣告銷售額樞紐分析

實際演練 4 延續實際演練 3 的樞紐分析表建立樞紐分析圖，其中廣告的資料為非連續變數，因此在實際演練 4 將製作長條圖呈現廣告銷售額結果。

實際演練 4 ｜廣告銷售額樞紐分析圖

廣告為非連續變數，所以在實際演練 4 將製作長條圖呈現廣告銷售額結果。

1. 選取樞紐分析表→點選「樞紐分析工具」→「分析」→「樞紐分析圖」。

2. 選取「直條圖」→「群組直條圖」。

3. 更改圖表標題為「廣告銷售額」（如圖 2-70）。

4. 選取圖表中資料數列→點選「填滿與線條」→「填滿」→勾選「依資料點分色」，將圖表中數列填滿不同色彩（如圖 2-70）。

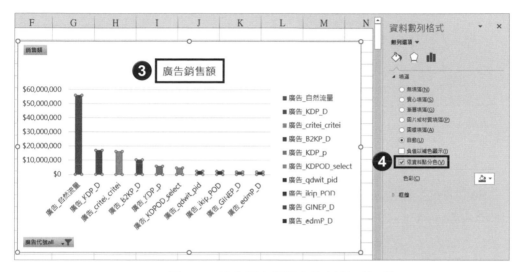

圖 2-70 設定圖表標題與資料數列色彩

5. 點選資料數列→調整「類別間距」，調低可加寬圖表中資料數列（如圖 2-71）。

6. 選取圖例→按下 Delete 刪除，每項廣告於橫軸皆有標示，不需要圖例進行表示（如圖 2-71）。

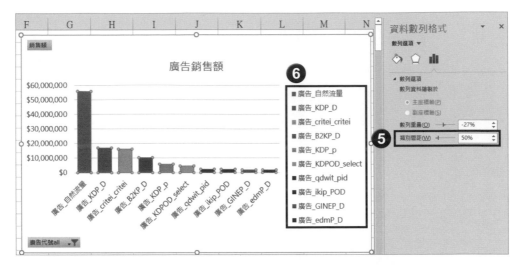

圖 2-71　調整資料類別間距與刪除圖例

7. 點選圖表項目→勾選「資料標籤」，可以將銷售額數值呈現於資料數列上方（如圖 2-72）。

透過本節的實際演練 4 ，協助我們建立「廣告銷售額長條圖」，便可透過圖表呈現各項廣告效益進行比較，幫助我們找尋潛在的最佳行銷活動（如圖 2-72）。

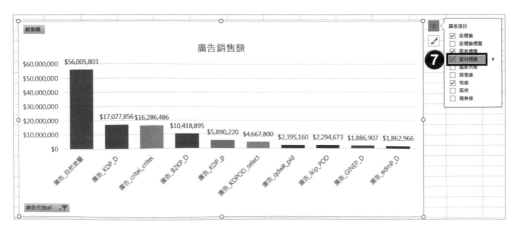

圖 2-72　新增資料標籤

2.4 一眼看出數據趨勢與占比

2.4.1 如何運用折線圖與圓形圖？

折線圖由各個資料點連線而成，時間常放置於橫軸，進而檢視資料在一段時間之內的變化，例如：資料趨勢、轉捩點等。

以月份為橫軸製作的每月銷售額折線圖（如圖 2-73），可以幫助我們檢視不同產品的銷售趨勢。

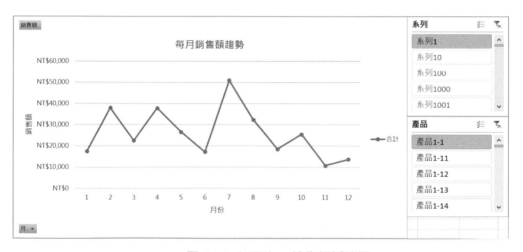

圖 2-73 每月產品銷售額折線圖

圓餅圖由多塊扇形組成，資料中的一個類別即為一個扇形，其面積取決於在總額中所佔的比例，完整的圓餅為 100%。圓餅圖有助於直觀的呈現各項資料種類的重要程度。

銷售額性別占比圓餅圖（如圖 2-74）可以用來分析不同產品下的主要顧客樣貌。舉例來説，在圖 2-74 中可於右方挑選特定的系列與產品條件，進而查看相關的男女比例，這將有助於我們了解不同重點產品的顧客輪廓。

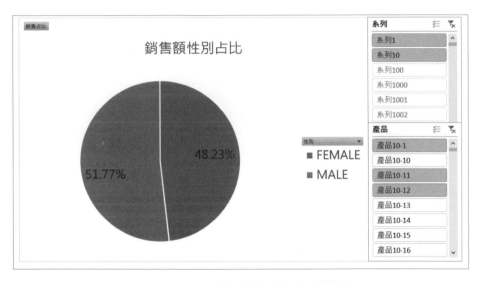

圖 2-74　產品銷售額性別占比圓餅圖

2.4.2　繪製折線圖與圓形圖

在實際演練 1 當中，將會操作樞紐分析表加總每個月份的銷售額，以協助我們觀察每月銷售額趨勢變化。

實際演練 1 ｜ 每月銷售額樞紐分析表

1. 以銷售資料為例，找到並選取「插入」→「樞紐分析表」建立樞紐分析表。

2. 將月拖曳放入列，單價放入值，即可計算出不同月份銷售額（如圖 2-75）。

3. 更改樞紐分析表欄位名稱（如圖 2-75）。

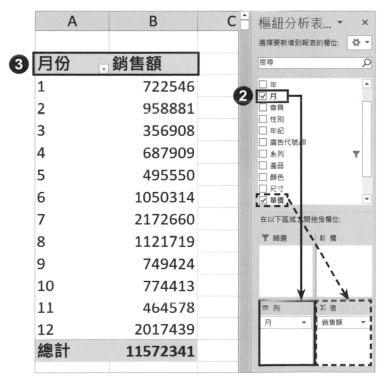

圖 2-75 每月銷售額樞紐分析表

4. 選取銷售額欄位儲存格→右鍵選取「數字格式」，開啟「設定儲存格格式」頁面。

5. 類別選取「貨幣」，小數位數設為 0，便完成了每月銷售額計算（如圖 2-76）。

月份	銷售額
1	NT$722,546
2	NT$958,881
3	NT$356,908
4	NT$687,909
5	NT$495,550
6	NT$1,050,314
7	NT$2,172,660
8	NT$1,121,719
9	NT$749,424
10	NT$774,413
11	NT$464,578
12	NT$2,017,439
總計	NT$11,572,341

圖 2-76 每月銷售額樞紐分析表

實際演練 2 延續實際演練 1 樞紐分析表建立樞紐分析圖，為了呈現每月銷售額變化，實際演練 2 將把月份放置橫軸，繪製折線圖呈現每月銷售額變化。

實際演練 2 ｜每月銷售額樞紐分析圖

1. 選取樞紐分析表→點選「樞紐分析工具」→「分析」→「樞紐分析圖」。

2. 選取「折線圖」→「含有資料標記的折線圖」（如圖 2-77）。

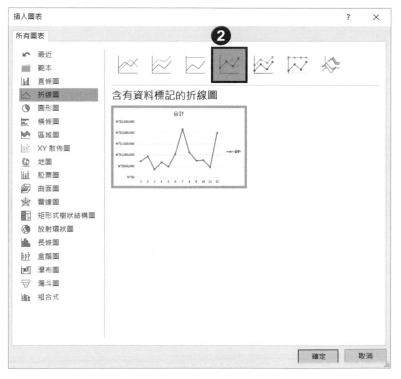

圖 2-77 插入圖表設置

3. 更改圖表標題為「每月銷售額趨勢」（如圖 2-78）。

4. 選取圖表項目→勾選「座標軸標題」，新增圖表的縱軸與橫軸標題（如圖 2-78）。

5. 更改坐標軸名稱（如圖 2-78）。

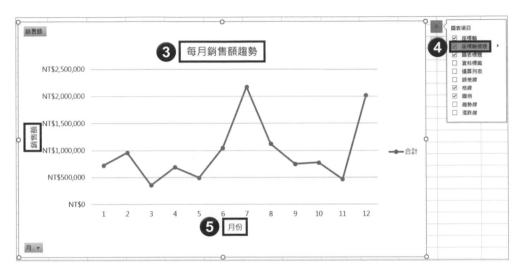

圖 2-78 新增座標軸標題

6. 如圖 2-78 所示，即可知道每月銷售額變化趨勢，想要更進一步的了解每一項系列，甚至於每一項產品的銷售額變化趨勢，就必須使用交叉分析篩選器。

7. 選取每月銷售額趨勢圖→「樞紐分析圖工具」→「插入交叉分析篩選器」（如圖 2-79）。

圖 2-79 「插入交叉分析篩選器」功能

8. 勾選想要查看每月銷售額趨勢變化的種類，此處以系列與產品做為範例（如圖 2-80）。

圖 2-80 插入交叉分析篩選器設定

9. 交叉分析篩選器能夠設立許多的篩選條件，藉此功能幫助我們呈現想要的分析結果。

10. 如圖 2-81 所示，在「系列交叉分析篩選器」中選取了系列 1，「產品交叉分析篩選器」中選取了產品 1-1，所以左方的每月銷售額趨勢圖僅會顯示系列 1 下的產品 1-1 產品的每月銷售額趨勢圖。

11. 以圖 2-81 結果為例，產品 1-1 在七月後銷售額有逐漸往下趨勢，在十一月時達到最低點。

我們可以透過曲線圖了解該資料的趨勢變化，而搭配交叉分析篩選器的功能，能幫助我們查看不同種類下的分析結果，如：不同年份、系列、年紀等，而篩選條件的交互使用能幫助我們更精確地分析出想要的結果（如圖 2-81）。

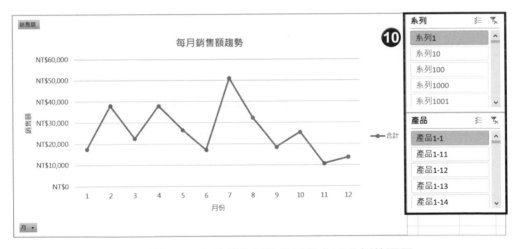

圖 2-81　每月銷售額趨勢圖與交叉分析篩選器

實際演練 3 中，操作樞紐分析表計算不同性別銷售額，分析主要消費客群樣貌。

實際演練 3 ｜ 銷售額性別占比樞紐分析表

1. 以銷售資料為例，找到並選取「插入」→「樞紐分析表」建立樞紐分析表。

2. 將性別拖曳放入列，單價放入值，計算不同性別下銷售額 （如圖 2-82 ）。

3. 更改樞紐分析表欄位名稱（如圖 2-82 ）。

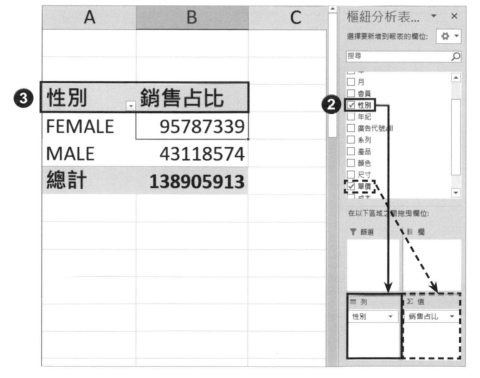

圖 2-82 銷售額性別占比樞紐分析表

4. 選取銷售占比欄位儲存格→右鍵選取「值的顯示方式」→選取「欄總和百分比」，將原先加總的銷售額以占比方式呈現（如圖2-83）。

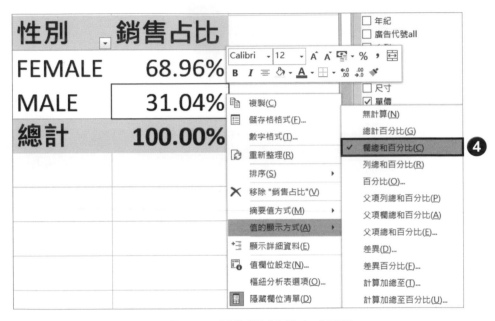

圖 2-83 銷售額以占比方式呈現

實際演練 4 將延續實際演練 3 樞紐分析表建立樞紐分析圖，運用圓餅圖呈現銷售額性別占比進而繪製「銷售額性別占比樞紐分析圖」，以瞭解不同性別在銷售額的佔比狀況。

實際演練 4 ｜銷售額性別占比樞紐分析圖

1. 選取樞紐分析表→點選「樞紐分析工具」→「分析」→「樞紐分析圖」。

2. 選取「圓形圖」（如圖 2-84）。

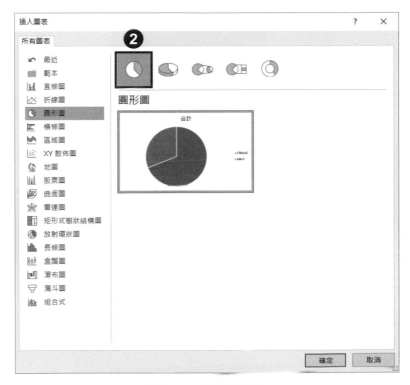

圖 2-84　建立圓形圖

3. 更改圖表標題為「銷售額性別占比」，因為樞紐分析表的數值以百分比方式呈現，圖表中的數值會採用相同的方式呈現（如圖 2-85）。

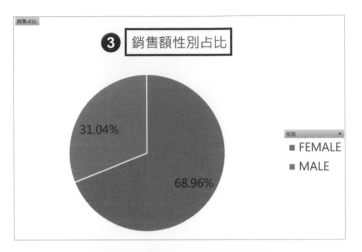

圖 2-85 銷售性別占比之圓餅圖

4. 選取銷售性別占比之圓餅圖→點選「樞紐分析圖工具」→「插入交叉分析篩選器」。

5. 勾選想要進行篩選的種類，此處以系列與產品做為範例（如圖 2-86）。

圖 2-86 插入交叉分析篩選器設定

6. 在交叉分析篩選器中可以點擊滑鼠左鍵，拖曳多個選項進行連續
選取，或按住 Ctrl 搭配滑鼠左鍵選取多個選項（如圖 2-87）。

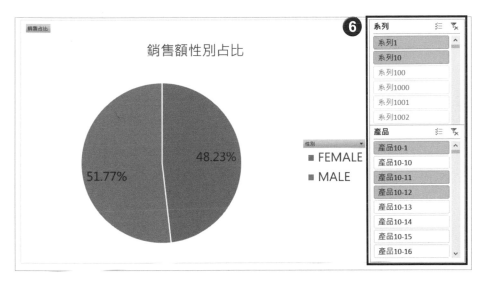

圖 2-87 銷售額性別占比與交叉分析篩選器

以圖 2-87 所示，藉由交叉分析篩選器為圖表建立互動性圖表，可
以幫助我們查看在不同系列與不同產品的銷售額性別占比。以此結
果可以得知男女比例相近，男性銷售額比例略高於女生，此時商家
能檢視該結果是否符合行銷策略預期，判斷相關策略是否需進一步
調整。

2.5 散佈圖與橫條圖－洞悉數據關係與比較數據

2.5.1 散佈圖

在進行散佈圖的繪製之前，我們先介紹ＸＹ的關係。透過圖表的觀察，可以得知數據之間的關係。而數據間的關係，主要可分為三種線性關係，說明如下（如圖 2-88）：

● 當Ｘ軸增加時，Ｙ軸隨之增加稱之為「正相關」

● Ｘ軸增加時，Ｙ軸隨之減少稱之為「負相關」

● Ｘ軸增加時，Ｙ軸無穩定趨勢增減，則稱之為「無相關」

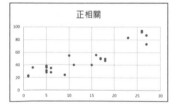
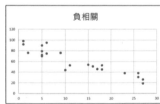
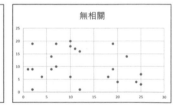

圖 2-88 數據間三種主要線性關係

在銷售業案例中，提高銷售額、獲利是企業的主要目標，透過分析得知各項數據之間的關係（如：廣告預算與銷售額、管理費用與銷售額），進而得知對獲利影響的主要因素。以散佈圖兩軸之間的關係，Ｘ軸為放置推測的原因（自變數），Ｙ軸為放置推測的結果（應變數）。舉廣告預算與銷售額關係為例，我們想了解廣告預算的增減是否會影響銷售額的變化？因此，此時Ｘ軸為「廣告預算」，Ｙ

軸為「銷售額」。當廣告預算（X軸）上的數列點越靠近右邊時，銷售額（Y軸）上的數列會變成哪種情況？藉由上述的圖表繪製，我們可以快速、簡易的判斷廣告預算與銷售額之間的關係。

但如果廣告預算與銷售額在圖表中呈現了正相關的情形，而廣告類型有許多（如：線上廣告、傳單、電子郵件），哪一項跟銷售額相關性程度更高呢？為了進一步找到影響銷售額程度高的關鍵廣告，我們將介紹相關係數，比較各項數據間相關性程度的高低。

相關係數（Coefficient of Correlation）是用以表示兩變項線性關係強度的數值，其值界於 +1 與 -1 之間，相關係數的正負符號則表示數據間的正負相關性，數字表示兩者相關性程度，數字部份越大越高，相關性越高，數字越小，則強度越低。

當相關係數等於 1 時，我們稱作完全正相關，表示隨 X 軸增加，等於 -1 時為完全負相關，兩項數據無相關時，相關係數為 0（如圖 2-89）。

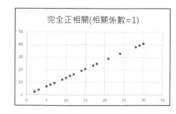 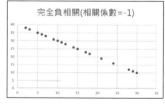 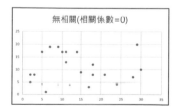

圖 2-89　三種相關性

回到「廣告類型」與「銷售額」的案例，藉由計算各項廣告類型與銷售額的相關係數，我們可以推測哪一項為影響銷售額的關鍵廣告，例如：電子郵件與銷售額的相關係數大於線上廣告與銷售額的相關

係數，就可以視為電子郵件在提升銷售額的效果上是較為穩定且有效率的。

由於商業上影響的因素相當多，即使相關係數高，也不一定是影響結果的重要原因。或者兩項數據所繪製出的散佈圖是更為複雜的曲線，此時，線性的相關性分析較適合應用於影響變數較少的環境，其分析呈現的效果會較佳。

2.5.2 橫條圖

橫條圖適合應用於不連續性資料，例如：系列、產品等，整體特性與長條圖特性相同，可參考 2.3 節的直方圖與長條圖説明，運用橫條圖與長條圖皆能比較各項種類的差異。

橫條圖可以作為另一項呈現種類比較的差異的工具，以下用產品銷售額橫條圖（如圖 2-90），比較各項系列銷售額。

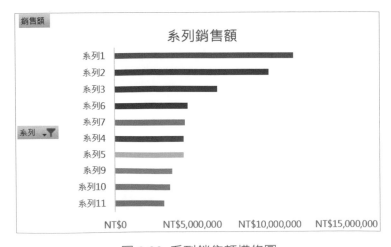

圖 2-90 系列銷售額橫條圖

閱讀至此，讀者可能會好奇，橫條圖或長條圖的使用時機？在此筆者也分享自身經驗。在製作後續章節介紹的儀表板時，若能同時應用兩項工具，會有更佳的視覺呈現。如圖 2-91 的儀表板中，我們利用兩張長條圖呈現客群利潤與會員數，以及產品銷售額與利潤額。在左下角加上橫條圖呈現顧客分群平均年齡，透過不同圖表來呈現分析的成果，可以讓分析的成果資訊更完整呈現。

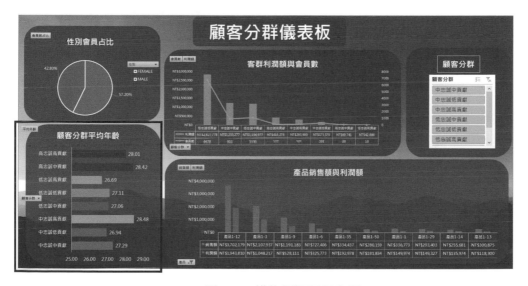

圖 2-91　橫條圖運用示意圖

2.5.3　散佈圖與橫條圖實戰

實際演練 1 中，將操作樞紐分析表計算每月銷售額與成本，準備後續散佈圖繪製之資料。

實際演練 1 ｜每月銷售額與成本

1. 以銷售資料為例，選取「插入」→「樞紐分析表」，建立樞紐分析表。

2. 將月拖曳放入列，單價與成本放入值，藉此計算出不同月份下的銷售額與成本（如圖 2-92）。

3. 更改樞紐分析表欄位名稱，於左方樞紐分析表中更改欄位名稱，右下角原先拖拉的單價與成本也會同時更新名稱（如圖 2-92）。

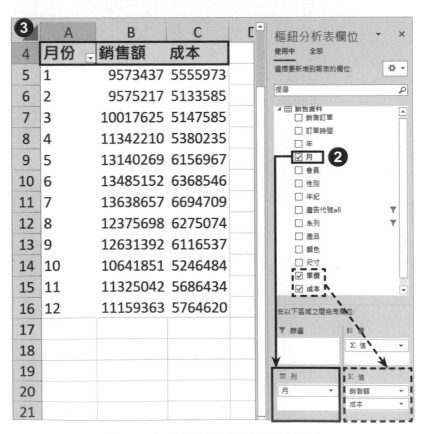

圖 2-92 每月銷售額與成本樞紐分析表

4. 選取銷售額欄位儲存格→右鍵選取「數字格式」，開啟「設定儲存格格式」頁面（如圖 2-93）。

5. 類別選取「貨幣」，小數位數設為 0（如圖 2-93）。

圖 2-93 設定銷售額儲存格格式

6. 重複步驟（5）、（6）操作成本欄位，轉換為貨幣型態（如圖 2-94）。

月份 ▾	銷售額	成本
1	NT$9,573,437	NT$5,555,973 ❻
2	NT$9,575,217	NT$5,133,585
3	NT$10,017,625	NT$5,147,585
4	NT$11,342,210	NT$5,380,235
5	NT$13,140,269	NT$6,156,967
6	NT$13,485,152	NT$6,368,546
7	NT$13,638,657	NT$6,694,709
8	NT$12,375,698	NT$6,275,074
9	NT$12,631,392	NT$6,116,537
10	NT$10,641,851	NT$5,246,484
11	NT$11,325,042	NT$5,686,434
12	NT$11,159,363	NT$5,764,620

圖 2-94 欄位轉換為貨幣方式呈現

由於樞紐分析表無法直接建立散佈圖，實際演練 2 中，透過手動增加圖表並新增資料範圍來建立。

實際演練 2 │ 每月銷售額與成本散佈圖繪製

1. 選取空白儲存格→點選「插入」→「圖表」→「散佈圖」（如圖 2-95）。

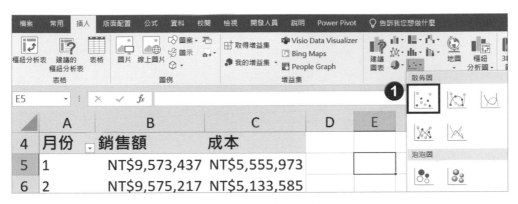

圖 2-95　建立散佈圖

2. 選取散佈圖→點選「圖表工具」→「設計」→「選取資料」（如圖 2-96）。

圖 2-96　設定散佈圖數列資料

3. 點選圖列項目（數列）中的「新增」，進而新增數列於散佈圖中
（如圖 2-97）。

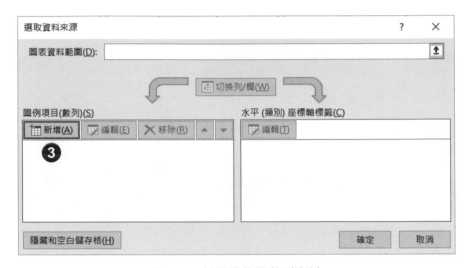

圖 2-97 新增散佈圖數列資料

4. 設定數列名稱 "每月銷售額與成本"（如圖 2-98）。

5. 選取數列 X 值→「選取範圍」（如圖 2-98）。

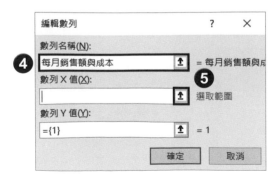

圖 2-98 設定新增數列名稱與範圍

6. 藉由滑鼠左鍵拖曳選取銷售額欄位做為Ｘ軸→按下 ENTER 確認
（如圖 2-99）。

月份	銷售額 ❻	成本
1	NT$9,573,437	NT$5,555,973
2	NT$9,575,217	NT$5,133,585
3	NT$10,017,625	NT$5,147,585
4	NT$11,342,210	NT$5,380,235
5	NT$13,140,269	NT$6,156,967
6	NT$13,485,152	NT$6,368,546
7	NT$13,638,657	NT$6,694,709
8	NT$12,375,698	NT$6,275,074
9	NT$12,631,392	NT$6,116,537
10	NT$10,641,851	NT$5,246,484
11	NT$11,325,042	NT$5,686,434
12	NT$11,159,363	NT$5,764,620

編輯數列

－工作表2!$B$5:$B$16

圖 2-99　選取Ｘ軸數列

7. 選取數列Ｙ值→「選取範圍」（如圖 2-100）。

圖 2-100　設定Ｙ軸範圍

8. 藉由滑鼠左鍵拖曳選取成本欄位做為Ｙ軸→按下 ENTER 確認
（如圖 2-101）。

圖 2-101 選取Ｙ軸數列

9. 按下「確認」，新增此項數列至散佈圖（如圖 102）。

圖 2-102 確認新增數列

設置完後，讀者可從圖 2-103 中觀察到，銷售額與成本呈現正相關，同時也符合我們所認知，當需要確認兩項數據關係時，可以採用散佈圖快速觀察。

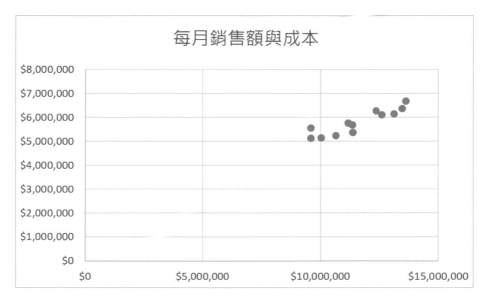

圖 2-103　每月銷售額與成本

每月銷售額與成本散佈圖由於 XY 軸關係導致數列點無法明顯呈現（如圖 2-103），實際演練 3 將調整 XY 軸設定，將數列點呈現於圖表中央。

實際演練 3 │每月銷售額與成本散佈圖調整

1. 查看原先圖表 Y 軸最大值與最小值,最大值為 7 百萬以下,最小值為五百萬以上,以此兩值進行 Y 軸調整(如圖 2-104)。

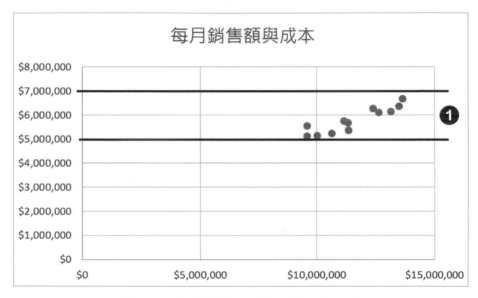

圖 2-104 每月成本(Y 軸)最大、最小值

2. 選取「Y 軸」→「座標軸選項」→「範圍」,設定最小值為 5,000,000,最大值為 7,000,000(如圖 2-105)。

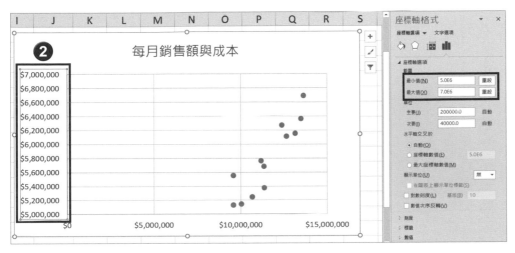

圖 2-105　Y 軸最大、最小值設定

3. X 軸最大值與最小值除了可從圖表觀察，也可以從樞紐分析表進行判斷，銷售額最大值為 \$13,638,657，故 X 軸最大值設 14,000,000，銷售額最小值為 \$9,573,437，故 X 軸最小值設 9,000,000（如圖 2-106）。

月份	銷售額	成本
1	NT$9,573,437	NT$5,555,973
2	NT$9,575,217	NT$5,133,585
3	NT$10,017,625	NT$5,147,585
4	NT$11,342,210	NT$5,380,235
5	NT$13,140,269	NT$6,156,967
6	NT$13,485,152	NT$6,368,546
7	NT$13,638,657	NT$6,694,709
8	NT$12,375,698	NT$6,275,074
9	NT$12,631,392	NT$6,116,537
10	NT$10,641,851	NT$5,246,484
11	NT$11,325,042	NT$5,686,434
12	NT$11,159,363	NT$5,764,620

圖 2-106　每月銷售額（X 軸）最大、最小值

4. 選取「X軸」→「座標軸選項」→「範圍」，最小值為 5,000,000、最大值為 7,000,000（如圖 2-107）。

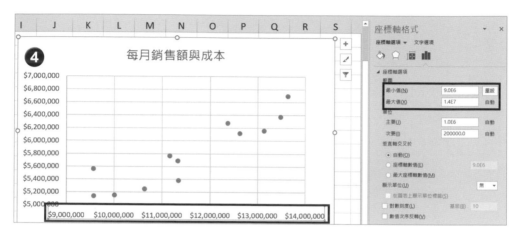

圖 2-107 X軸最大、最小值設定

5. 選取「圖表項目」→勾選「座標軸標題」，並更改座標軸標題文字（如圖 2-108）。

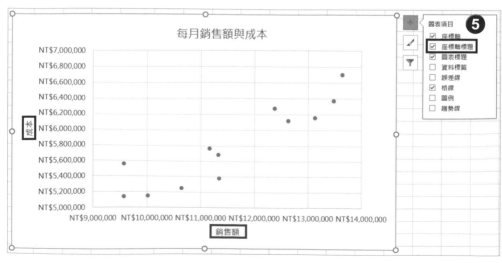

圖 2-108 新增座標軸標題

6. 選取 X 軸數列→「座標軸格式」→「自訂角度」設為 15°，藉由文字角度調整可以避免文字重疊（如圖 2-109）。

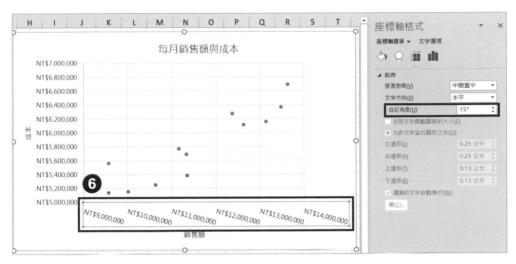

圖 2-109 調整橫軸角度

銷售額與成本呈現正相關原理簡單易懂（如圖 2-110），如果讀者所分析的數據有所不同時，可以自行套用，以每月廣告預算與銷售額為例，兩者正相關程度越高，表示廣告的增加投放預算能成功提高銷售額。

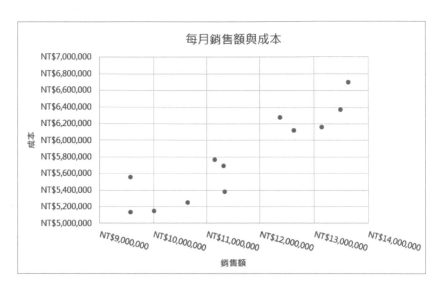

圖 2-110 每月銷售額與成本散佈圖

2.5.4 計算相關係數

繪製出散佈圖判斷相關性後,可以採用 CORREL 函數計算相關係數,
進而了解資料間相關性的強度。

實際演練 4 ｜計算相關係數

1. 點選儲存格→輸入 " = CORREL(",設定完函數準備輸入數值(如
   圖 2-111)。

2. 第一個數值為銷售額範圍 "B2:B13",並輸入 "," 準備輸入第二項
   參數(如圖 2-111)。

3. 第二個數值為成本範圍 "C2:C13",並輸入 ")" 按下 ENTER 即可
   完成函數(如圖 2-111)。

| SUM | ▼ | : | × | ✓ | fx | =CORREL(B2:B13,C2:C13) |

	A	B	C	D	E
1	月份 ▼	銷售額	成本		相關係數
2	1	NT$9,573,437	NT$5,555,973		=CORREL(B2:B13,C2:C13)
3	2	NT$9,575,217	NT$5,133,585		
4	3	NT$10,017,625	NT$5,147,585		
5	4	NT$11,342,210	NT$5,380,235		
6	5	NT$13,140,269	NT$6,156,967		
7	6	NT$13,485,152	NT$6,368,546		
8	7	NT$13,638,657	NT$6,694,709		
9	8	NT$12,375,698	NT$6,275,074		
10	9	NT$12,631,392	NT$6,116,537		
11	10	NT$10,641,851	NT$5,246,484		
12	11	NT$11,325,042	NT$5,686,434		
13	12	NT$11,159,363	NT$5,764,620		

圖 2-111 使用函數計算每月銷售額與成本相關係數

4. 廣告銷售額樞紐分析圖可幫助我們檢閱銷售資料中各項廣告效益（如圖 2-112）。

月份 ▼	銷售額	成本		相關係數
1	NT$9,573,437	NT$5,555,973		0.912722063
2	NT$9,575,217	NT$5,133,585		
3	NT$10,017,625	NT$5,147,585		
4	NT$11,342,210	NT$5,380,235		
5	NT$13,140,269	NT$6,156,967		
6	NT$13,485,152	NT$6,368,546		
7	NT$13,638,657	NT$6,694,709		
8	NT$12,375,698	NT$6,275,074		
9	NT$12,631,392	NT$6,116,537		
10	NT$10,641,851	NT$5,246,484		
11	NT$11,325,042	NT$5,686,434		
12	NT$11,159,363	NT$5,764,620		

圖 2-112 廣告銷售額樞紐分析

2.5.5 繪製橫條圖

實際演練 5 中，將運用樞紐分析表計算各項系列銷售額，準備後續
橫條圖繪製之資料。

實際演練 5 ｜系列銷售額樞紐分析表

1. 以銷售資料為例，選取「插入」→「樞紐分析表」建立樞紐分析表。

2. 將系列拖曳放入列，單價放入值，藉此計算出不同系列的銷售額
   （如圖 2-113）。

3. 更改樞紐分析表欄位名稱（如圖 2-113）。

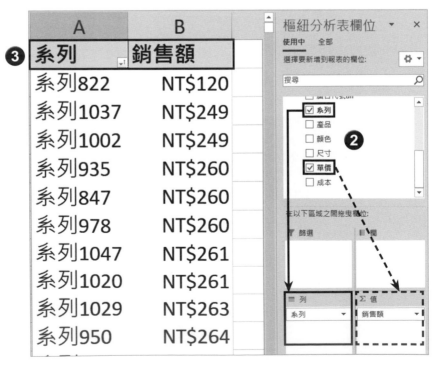

圖 2-113 廣告銷售額樞紐分析表

4. 選取銷售額欄位儲存格→右鍵選取「數字格式」，開啟「設定儲存格格式」頁面。

5. 類別選取「貨幣」，小數位數設為 0。

6. 選取銷售額欄位儲存格→右鍵「排序」→「從大到小排序」（如圖 2-114）。

圖 2-114 銷售額由大到小排序

7. 選取系列欄位中儲存格，右鍵「篩選」→「前 10 項」，並於「前 10 項篩選」中，設定最前 10 項銷售額，藉此顯示銷售額較好的廣告（如圖 2-115）。

圖 2-115 設定篩選條件

系列銷售額樞紐分析圖，可以幫助我們檢閱銷售資料中各項系列銷售額（如圖 2-116）。

系列	銷售額
系列11	NT$3,211,982
系列10	NT$3,599,365
系列9	NT$3,752,877
系列5	NT$4,497,555
系列4	NT$4,509,158
系列7	NT$4,587,833
系列6	NT$4,764,998
系列3	NT$6,659,713
系列2	NT$9,976,670
系列1	NT$11,572,341
總計	NT$57,132,492

圖 2-116 系列銷售額樞紐分析

由於「系列」為非連續變數，因此，在實際演練 6 將製作橫條圖呈現系列銷售額結果。

實際演練 6 │ 系列銷售額樞紐分析圖

1. 選取樞紐分析表→點選「樞紐分析工具」→「分析」→「樞紐分析圖」。

2. 選取「橫條圖」→「群組直條圖」。

3. 更改圖表標題為「系列銷售額」（如圖 2-117）。

4. 選取圖表中資料數列→點選「填滿與線條」→「填滿」→勾選「依資料點分色」，將圖表中數列填滿不同色彩（如圖 2-117）。

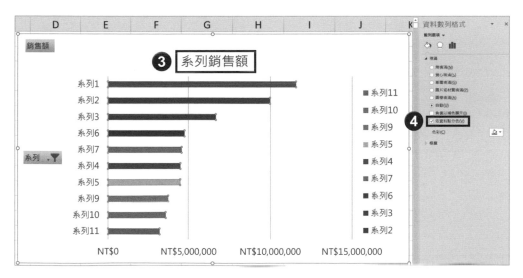

圖 2-117　設定圖表標題與資料數列色彩

5. 選取銷售額欄位儲存格→右鍵「排序」→「從小到大排序」，可使圖表中的資料數列由銷售額高到低進行排序（如圖 2-118）。

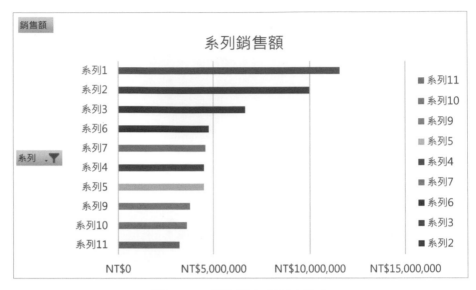

圖 2-118 銷售額由小到大排序

6. 點選圖表項目→取消勾選「格線」、「圖例」（如圖 2-119）。

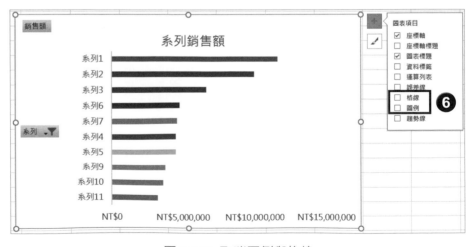

圖 2-119 取消圖例與格線

藉由橫條圖，可以比較各項系列之間的銷售額（如圖2-120），與長條圖相同，根據不同的情況選取適當的圖表進行呈現。

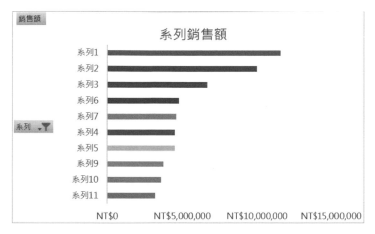

圖 2-120　系列銷售額橫條圖

2.6 組合式圖表－多種資料一次全展示

2.6.1 何謂組合式圖？

組合式圖表可以將兩種圖表類型放置於同一張圖表，適合用於呈現兩種不同的單位資料，進一步觀察圖表中的商業意涵。因為相較於單一圖表，組合式圖表中多了副座標軸。

如圖 2-121 所示，將產品銷售額與產品數於同個圖表中展示。長條圖參照左方主座標軸，銷售額 $0 ～ $60,000；折線圖參照右邊副座標軸，銷售個數 0 ～ 120，兩者數值相差甚遠，但因為組合式圖表的特性，使我們能同時查看每個月份的產品銷售額與銷售數。

最終，搭配交叉分析篩選器選擇不同的產品，進而得知每項產品的銷售數據，如圖 2-121 所示，以產品 1-1 的 2 月份與 4 月份比較，兩個月份的銷售額相當接近，但銷售數卻有很大的差異，我們就可以進一步探討背後的原因，找到最適合產品的行銷策略。

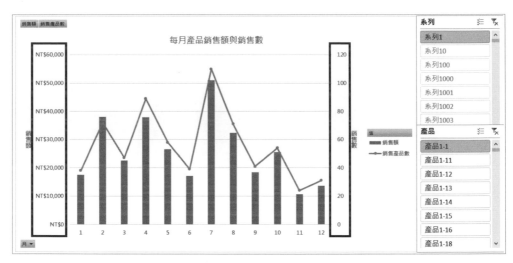

圖 2-121 產品 1-1 每月產品銷售額與銷售數

2.6.2 繪製組合式圖

在實際演練 1 中將製作每月產品銷售額與銷售數的樞紐分析，實際演練 2 進行圖表繪製與交叉分析篩選器設定。

實際演練 1 ｜每月產品銷售額與銷售數樞紐分析表

1. 以銷售資料為例，找到並選取「插入」→「樞紐分析表」建立樞紐分析表。

2. 將月拖曳放入列，單價與產品放入值，因為產品的資料型態為文字，所以採用計數的方式（如圖 2-122）。

3. 更改樞紐分析表欄位名稱（如圖 2-122）。

4. 選取銷售額欄位儲存格→右鍵選取「數字格式」，開啟「設定儲存格格式」頁面，類別選取「貨幣」，小數位數設為 0，完成每月產品銷售額與銷售數計算。

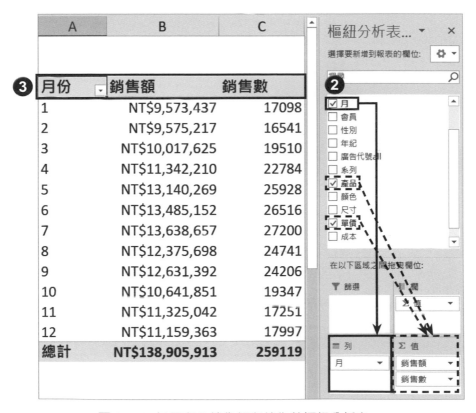

圖 2-122 每月產品銷售額與銷售數樞紐分析表

實際演練 2 ｜每月產品銷售額與銷售數樞紐分析圖

1. 選取樞紐分析表→點選「樞紐分析工具」→「分析」→「樞紐分析圖」。

2. 選取「組合式」→ 銷售額圖表類型選取「群組直條圖」（如圖 2-123）。

3. 銷售數圖表類型選取「含有資料標記的折線圖」→勾選「副座標軸」（如圖 2-123）。

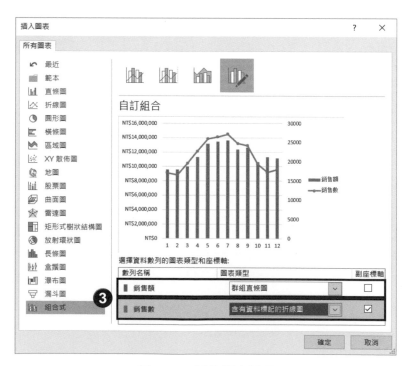

圖 2-123 插入圖表設置

4. 更改圖表標題為「每月產品銷售額與銷售數」（如圖 2-124）。

5. 選取圖表項目→勾選「座標軸標題」（如圖 2-124）。

6. 變更主座標軸與副座標軸名稱（如圖 2-124）。

7. 選取每月產品銷售額與銷售數之組合式圖表→點選「樞紐分析圖工具」→「插入交叉分析篩選器」。

8. 勾選想要進行篩選的種類，此處以系列與產品做為範例，於交叉分析篩選器選取系列與產品，即可從圖表中觀看銷售相關資訊（如圖 2-124）。

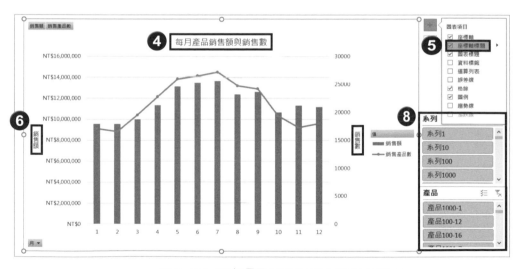

圖 2-124　圖表項目調整與建立樞紐分析表

組合式圖表能將兩項數值差異很大的資料呈現於同一個圖表。但如果超過兩項時，圖表就無法清楚呈現各項數值，建議分為多個圖表，再透過篩選或交叉分析篩選器呈現相關的數值。同時，不同的分析圖表交叉檢視能夠提供更全面的資訊，輔助我們做出更好的決策。

個案分析│
找出值得行銷的產品

3

3.1 80/20 法則在商業領域之應用

3.1.1 何謂 80/20 法則？

企業在面對資源有限的情況下，如何有效運用資源達到效益最大化是企業在商業領域追求的一大課題。本章將介紹 80/20 法則，幫助我們找到影響經營及營收效益的主要產品及因素。

80/20 法則應用於銷售額的情況中，表示企業所擁有的 20% 的產品項目，為企業帶來了 80% 的利潤。雖未必真的準確到 80/20，然而這個概念可以協助企業初步找出關鍵項目，並在資源分配上做適切的調整。在本章的介紹中，會將這主要 20% 的產品項目稱為 A 級產品，剩餘 80% 的產品項目稱為 B 級產品。

由於本章案例的「系列」對於「產品」的後續推廣決策有重大影響，因此筆者將採用「系列」為以下實戰的主要分析目標，再藉由 80/20 法則篩選對利潤影響較大的系列作為後續深入分析的標的。

在面對不同系列的產品時，如何找出關鍵系列呢？此時，可以先計算所有系列的累積利潤，由圖 3-1 的系列與利潤分析圖，可以看到所有系列由高至低的累積，可以觀察到當累計利潤占比達到 80% 時，圖中方框僅占橫軸（系列）的一小部分。由此可知方框中的少數系列貢獻總利潤的 80%，方框中的系列即為 A 級系列，其餘則為 B 級系列。

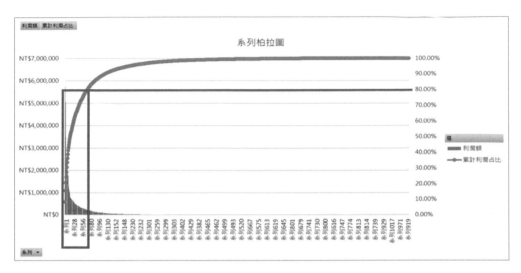

圖 3-1　80/20 法則示意圖

本章將會展示多種產品分析方法，請先行下載本章節所有的 Excel 操作檔案，進入下述網址或 QR code 後，請於「章節資源下載」頁面進行下載：

https://tmrmds.co/excel-biz-book/

3.1.2　實踐 80/20 法則

實際演練 1 ｜計算利潤額

1. 儲存格 O1 輸入「利潤」，系統會將 O 欄視為表格的一部分（如圖 3-2）。

2. 於儲存格 O2 輸入 =[@ 單價]-[@ 成本]，[@ 表格位欄名稱] 代表參照該欄位的值，以圖 3-2 為例，第一列利潤欄位代表單價 391- 成本 240。

3. 在輸入公式時可以採用滑鼠點選的方式進行參照，例如：輸入 "="→點選 M2 儲存格→輸入 "－"→點選 N2 儲存格即可快速輸入公式（如圖 3-2）。

M 單價	N 成本	O 利潤
391	240	=[@單價]-[@成本]
238	137	101
434	253	181
339	205	134
382	223	159
434	253	181
646	410	236

圖 3-2　利潤計算

因為表格有自動擴展公式的特性，我們只需在第一列輸入公式，系統便會自動將公式向下擴展至整個欄位，便可快速完成每項交易的利潤額計算。

實際演練2將運用樞紐分析表計算各項系列利潤額與累計利潤占比，為後續 80/20 法則提供相關數據，找出利潤占比 80% 的重要系列。

實際演練 2 ｜計算系列利潤額與累計利潤占比

1. 選取銷售資料表格中任一儲存格（如圖 3-3）。

2. 點選「插入」→「樞紐分析表」（如圖 3-3）。

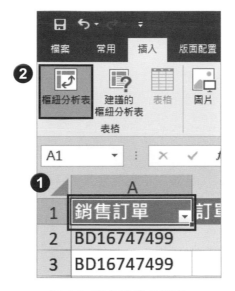

圖 3-3　建立樞紐分析表

3. 確認分析的資料來源為「銷售資料」的表格（如圖 3-4）。

圖 3-4 樞紐分析表設定

4. 將系列拖曳放入列，將利潤放入值兩次，計算出不同系列利潤額與累計利潤占比（如圖 3-5）。

5. 更改樞紐分析表欄位名稱（如圖 3-5）。

6. 點選利潤占比欄位儲存格→右鍵選取「值的顯示方式」→「計算加總至百分比」，以累計百分比方式進行計算（如圖 3-5）。

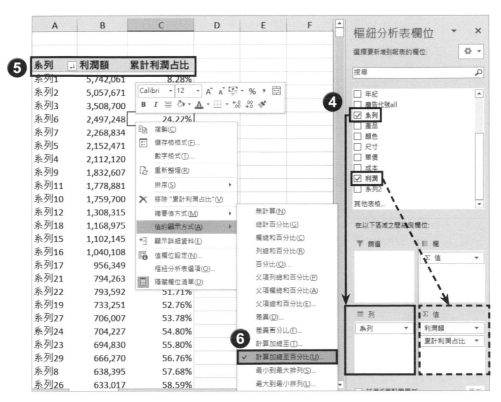

圖 3-5　系列利潤額與累計利潤占比樞紐分析表

7. 選取利潤額欄位儲存格→右鍵選取「數字格式」，開啟「設定儲存格格式」頁面（如圖 3-6）。

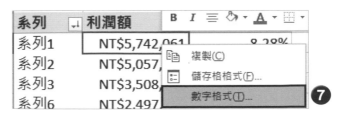

圖 3-6　數字格式設定

8. 類別選取「貨幣」，小數位數設為 0，變更利潤額數字格式（如圖 3-7）。

圖 3-7 將利潤額格式設為貨幣

9. 選取利潤欄位儲存格→右鍵選取「排序」→「從最大到最小排序」，將利潤額較大系列呈現於樞紐分析表上方（如圖 3-8）。

圖 3-8 利潤占比排序

實際演練 2 計算每項系列的利潤額，並按照利潤額由大到小進行利潤占比加總。藉由樞紐分析表，便可以判斷累計利潤占比達到 80% 以前的系列，此即為 A 級系列。

實際演練 3 中，將透過組合式圖表的方式，視覺化 A 級系列在全系列與利潤兩者之間的關係。

實際演練 3 ｜繪製柏拉圖

1. 選取樞紐分析表→點選「樞紐分析工具」→「分析」→「樞紐分析圖」。

2. 選取「組合式」→ 利潤額圖表類型選取「群組直條圖」（如圖 3-9）。

3. 累計利潤占比圖表類型選取「含有資料標記的折線圖」→勾選
「副座標軸」（如圖 3-9）。

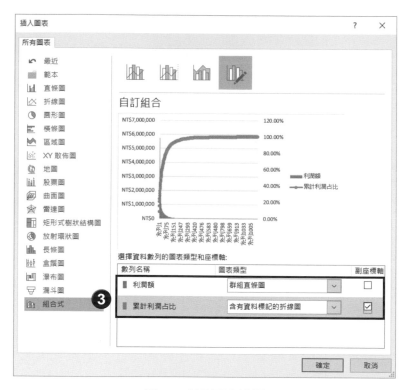

圖 3-9　插入圖表設置

4. 選取圖表項目→勾選「圖表標題」，並更改圖表標題為 "系列柏
拉圖"（如圖 3-10）。

5. 右鍵快速點選圖表中副座標軸→開啟「座標軸格式」→選取「座
標軸格式」→「座標軸選項」→設定「最大值」為 1，累計百分
比最大值應為 1 而非預設的 1.2（如圖 3-10）。

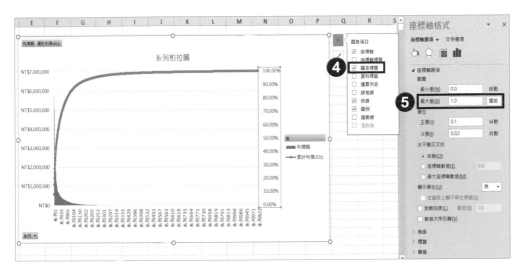

圖 3-10 系列柏拉圖圖表項目設定

6. 如圖 3-11 所示，將 80% 利潤對照到累計利潤占比 80% 位置，
   位於紅色方框中的即為關鍵系列（A 級），但由於系列過多，無
   法在圖表中詳細列出所有系列。

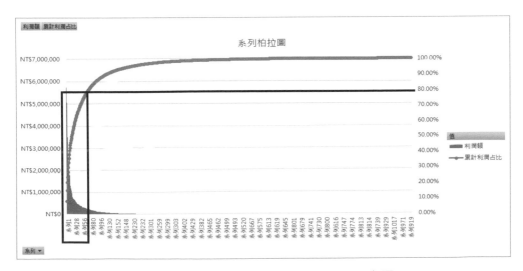

圖 3-11 系列柏拉圖之關鍵產品示意圖

實際演練 4 │ 產品分級

由於系列品項過多，藉由柏拉圖無法清楚呈現 A 級與 B 級系列的區別，所以我們可以透過分組的方式將產品區分，以精簡的圖表呈現並同時比較兩組的數值差異。

1. 從第一項系列向下將累計利潤占比小於 80% 之系列進行選取，右鍵「組成群組」（如圖 3-12）。

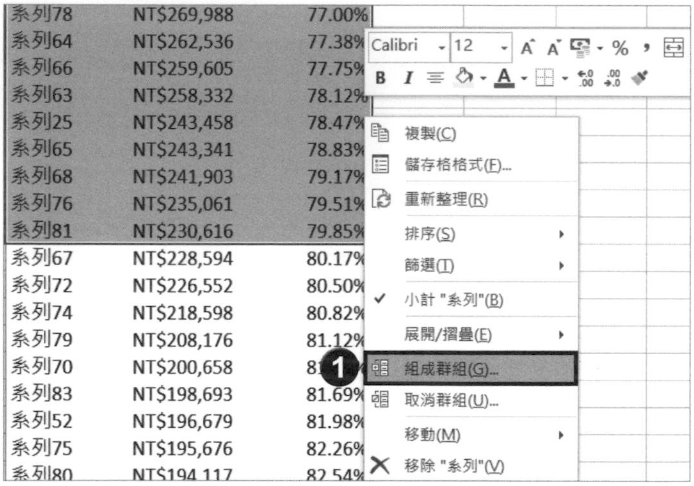

圖 3-12 將占有 80% 利潤之系列組成群組

2. 點選剩餘系列第一項→按下 Ctrl＋Shift＋ ↓，將未進行分組系列進行選取，右鍵「組成群組」建立群組（如圖 3-13）。

系列 ⌄	利潤額	累計利潤占比
⊞ 資料組1	NT$55,395,800	55395800
⊟ 系列100	NT$146,857	146857
系列100	NT$146,857	146857
⊟ 系列1000	NT$174	174
系列1000	NT$174	174
⊟ 系列1001	NT$253	253
系列1001	NT$253	253
⊟ 系列1002	NT$97	97
系列1002	NT$97	97
⊟ 系列1003	NT$327	327
系列1003	NT$327	327
⊟ 系列1004	NT$36	36
系列1004	NT$36	36
⊟ 系列1005	NT$225	225
系列1005	NT$225	225
⊟ 系列1006	NT$142	142
系列1006	NT$142	142

圖 3-13　占有 20% 利潤之系列組成群組

3. 選取系列欄儲存格→右鍵選取「展開 / 摺疊」→「摺疊整個欄位」，可快速將所有群組進行摺疊（如圖 3-14）。

圖 3-14　摺疊系列群組

4. 更改群組名稱（如圖 3-15）。

5. 欄位名稱「累計利潤占比」更名為「利潤占比」，藉由累計利潤占比幫助我們進行系列的分級，完成後若要比較兩群組的差異，可將累計利潤占比更換為利潤占比進行比較（如圖 3-15）。

6. 點選利潤占比欄位儲存格→右鍵選取「值的顯示方式」→「欄總和百分比」（如圖 3-15）。

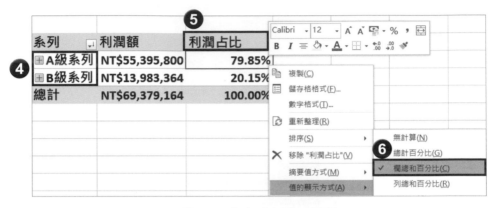

圖 3-15 樞紐分析項目設置

7. 點選系列柏拉圖「圖表項目」→勾選「運算列表」（如圖），運算列表功能能列出圖表中的各項資料數值（如圖 3-16）。

圖 3-16 開啟「運算列表」功能

8. 樞紐分析表與樞紐分析圖互相連動，步驟（1）-（6）對於樞紐
分析表的變更將會同步於樞紐分析圖（如圖 3-17）。

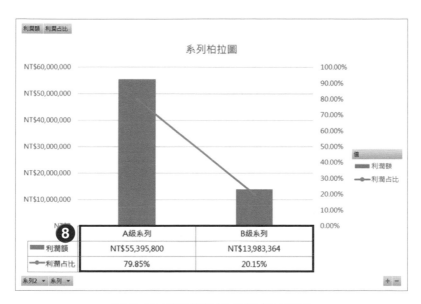

圖 3-17 系列柏拉圖表完成示意圖

藉由累計利潤占比，選取占有 80% 利潤的重要產品，並透過群組的
方式呈現兩種分級產品的差異。

3.1.3 長尾理論

A 級一直是各個領域專家主要著手的部分，那 B 級真的不值一提嗎？
根據長尾理論，雖然 B 級能帶入的利潤額不高，導致在利潤圖表中
形成長長的尾巴（如圖 3-18），且若 B 級能在電商銷售中達到邊際
成本趨近於零的狀態（例如：數位課程等產品），那 B 級加總起來
所帶入的利潤同樣可觀。

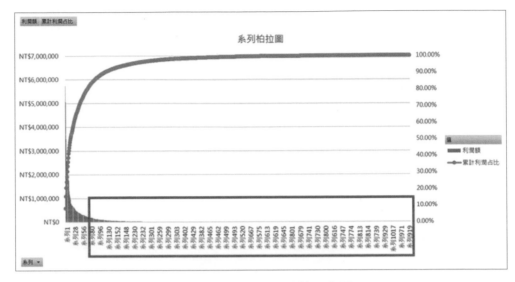

圖 3-18 長尾理論示意圖

實體店鋪因為店面空間的限制，大部分商家僅會在貨架上擺放熱門商品。但隨著網路商城的興起，許多的大型商店開始關注 B 級的商品。儘管這些商品再冷門，只要有顧客想購買或有機會賺錢，商家都會將他們放上網路，試圖將後面的長尾利潤區域也收入囊中。

3.1.4 A 級商品銷售額與利潤額分析

藉由 80/20 法則可以篩選出 A 級的系列，筆者將進一步分析這些產品的銷售額與利潤額，輔助未來行銷策略之制定。

如圖 3-19 所示，方框中系列 9、10、11 三項利潤額相近，但僅有系列 11 的利潤占比高於銷售占比。此時如果在預算有限的情況下，可

能會以系列 11 作為主打。因為此系列相較於其他兩者，在同樣的銷售額下較有機會賺取高額利潤。

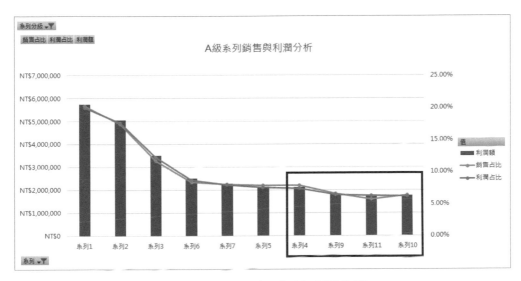

圖 3-19　A 級系列與利潤分析

3.1.5　A 級系列分析實戰

實際演練 5 ｜ A 級系列銷售與利潤分析樞紐分析表

1. 以銷售資料為例，選取「插入」→「樞紐分析表」建立樞紐分析表。

2. 利潤放入值兩次，單價放入值一次，後續將計算利潤額、利潤額占比與銷售額占比（如圖 3-20）。

3. 系列 2 與系列放入列，系列 2 為實際演練 4 中所進行的系列分組，放入後系列將採用相同的分組模式（如圖 3-20）。

4. 更改樞紐分析表欄位名稱（如圖 3-20）。

5. 選取利潤額欄位儲存格→右鍵選取「數字格式」，開啟「設定儲存格格式」頁面→類別選取「貨幣」，小數位數設為 0，變更利潤額數字格式（如圖 3-20）。

6. 點選銷售占比與利潤占比欄位儲存格→右鍵選取「值得顯示方式」→「欄總和百分比」，以百分比方式進行計算（如圖 3-20）。

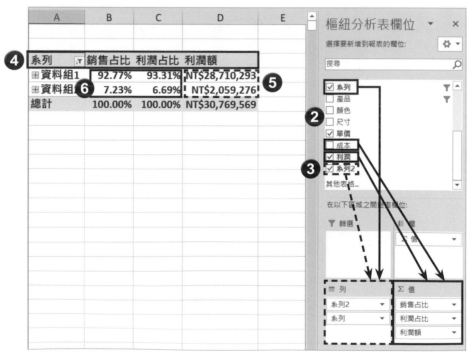

圖 3-20 系列利潤額、銷售占比與利潤占比樞紐分析表

7. 更改分組名稱（如圖 3-21）。

系列	銷售占比	利潤占比	利潤額
⊞A級系列	92.77%	93.31%	NT$28,710,293
⊞B級系列	7.23%	6.69%	NT$2,059,276
總計	100.00%	100.00%	NT$30,769,569

圖 3-21 系列分組名稱

8. 點選列中的系列 2 按下左鍵→選取「欄位設定」→於「自訂名稱」
   修改名稱為「系列分級」（如圖 3-22）。

圖 3-22 系列 2 名稱更改

9. 將系列分級移至篩選，並開啟篩選 A 級系列，藉此將分析結果聚焦於 A 級系列（如圖 3-23）。

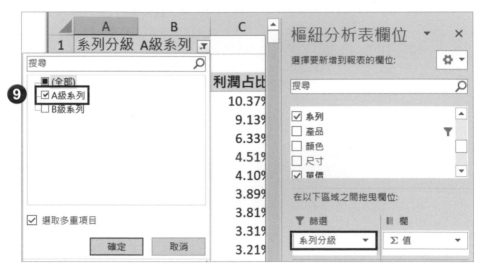

圖 3-23 篩選 A 級系列

10. 如圖 3-24 所示，我們可以看到所有的 A 級系列相關銷售與利潤資訊。但銷售與利潤占比並非是全系列的銷售占比，而僅是 A 級系列總額中各項系列的占比。因為篩選的功能同時會影響占比的計算，解讀時必須特別注意。

系列分級	A級系列 ▼		
系列 ▼	**銷售占比**	**利潤占比**	**利潤額**
系列1	10.46%	10.37%	NT$5,742,061
系列2	9.02%	9.13%	NT$5,057,671
系列3	6.02%	6.33%	NT$3,508,700
系列6	4.31%	4.51%	NT$2,497,248
系列7	4.15%	4.10%	NT$2,268,834
系列5	4.06%	3.89%	NT$2,152,471
系列4	4.07%	3.81%	NT$2,112,120
系列9	3.39%	3.31%	NT$1,832,607
系列11	2.90%	3.21%	NT$1,778,881

圖 3-24 A 級系列銷售與利潤分析樞紐分析表結果示意圖

實際演練 6 將以實際演練 5 的結果繪製圖表，圖中將同時呈現占比數值與利潤額數值。由於數值之間差異頗大，因此我們採用組合式圖表作為視覺化呈現，方便後續探索不同數據資料的商業意涵。

實際演練 6 ｜ A 級系列銷售與利潤分析樞紐分析圖

1.　選取樞紐分析表→點選「樞紐分析工具」→「分析」→「樞紐分析圖」。

2.　選取「組合式」→ 利潤額圖表類型選取「群組直條圖」（如圖 3-25）。

3.　銷售占比與利潤占比圖表類型選取「含有資料標記的折線圖」→勾選「副座標軸」（如圖 3-25）。

4.　利潤額圖表類型選取「群組直條圖」（如圖 3-25）。

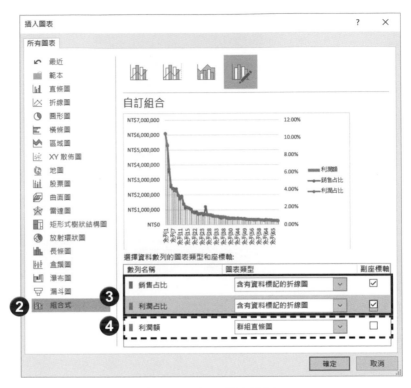

圖 3-25 插入圖表設置

5. 選取圖表項目→勾選「圖表標題」，並更改圖表標題（如圖 3-26）。

6. 點選左下角篩選圖示→選取「值篩選」→「前十項」→藉由利潤額篩選前十項系列，實際篩選條件可依據不同應用進行調整（如圖 3-26）。

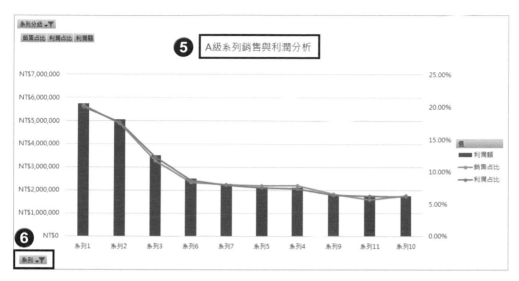

圖 3-26 A 級系列與利潤分析圖

如圖 3-26 所示,藉由利潤與銷售分析,從銷售資料中觀察 A 級系列的現況,以系列 3、11 為例,可以發現這兩項系列的利潤占比高於銷售占比,表示此兩項的獲利能力高於其他系列,行銷部門便可參考此資訊並制訂行銷策略。

3.2　潛力產品分析－商品利潤額成長率

3.2.1　為何要找尋潛力產品？

藉由 80/20 法則，我們可以找到熱門且關鍵的系列。但每項商品都有生命週期，雖然可透過行銷活動延長高獲利系列的生命週期，但熱門系列仍會有銷售量逐漸衰退之時。如何持續投資高獲利系列，同時培植未來有發展潛力的系列成為了公司一大考驗。

本節將透過近兩年利潤成長率分析系列是否具有發展潛力，如圖 3-27 所示。因為該產業屬於流行性產業，利潤成長率前十名皆超過 100%，所以橫軸以成長倍數呈現。

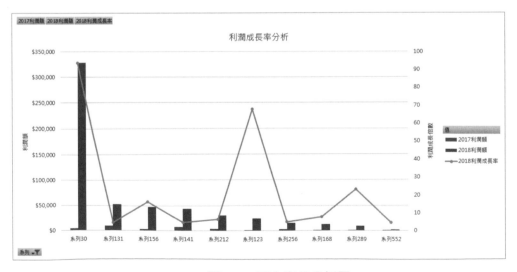

圖 3-27　潛力產品分析圖

圖 3-27 中呈現利潤成長率前十名之系列，可以觀察到系列 30 在
2018 年成長率與利潤額表現亮眼，可作為發展的項目。

使用樞紐分析表計算完各項數值，製作利潤成長率分析圖，如圖
3-28。讀者們可以思考一下，此圖表是否可以幫助我們找到發展力
較好的系列？

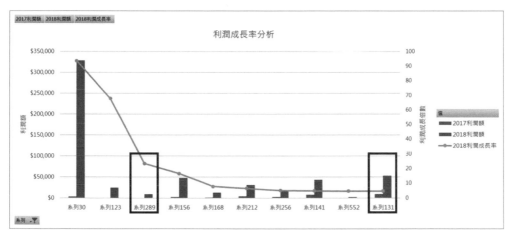

圖 3-28 潛力產品分析圖利潤高到低排序

仔細觀察圖 3-28 後，您會發現系列 289 因 2017 年利潤過低導致成
長率高，系列 289 成長倍數約為 23 倍，但 2018 年利潤額卻僅有約
$9,000，反之系列 131 成長倍數僅 5 倍左右，但利潤額卻高出系列
289 許多。

潛力分析除了衡量成長率之外，也必須多考慮背後的原因，為了避
免因為上一個年度的利潤過低導致成長率過高的影響，此時在分析
上也可以多做一些比較。如圖 3-27 中，我們將 2018 年利潤額由高

至低進行排序，使得圖表中利潤額高且成長率高的系列呈現於圖表左邊，此時再和圖 3-28 交互比較，能讓重要的資訊更容易被察覺。

後續章節將一步步進行潛力產品分析操作，實際演練 1 將計算所有系列的兩年利潤額，為後續計算利潤成長率做準備。

3.2.2　潛力產品分析實戰

實際演練 1 ｜ 近兩年利潤額計算

1. 以銷售資料為例，選取「插入」→「樞紐分析表」建立樞紐分析表。

2. 將系列拖曳放入列，利潤放入值，年放入欄位，準備計算不同系列每年利潤額（如圖 3-29）。

3. 更改樞紐分析表欄位名稱（如圖 3-29）。

4. 選取利潤額欄位儲存格→右鍵選取「數字格式」，開啟「設定儲存格格式」頁面→類別選取「貨幣」，小數位數設為 0，變更利潤額數字格式。

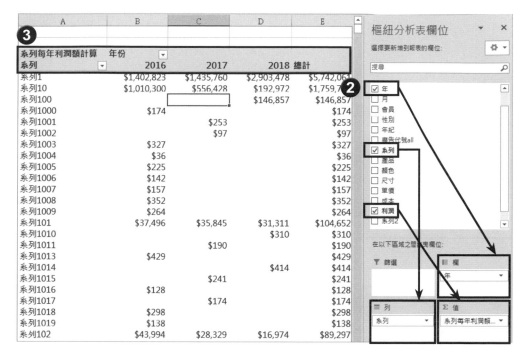

圖 3-29 每年系列利潤額樞紐分析表

5. 選取樞紐分析圖→「樞紐分析表工具」→「插入交叉分析篩選器」。

6. 勾選年（如圖 3-30）。

圖 3-30 插入年交叉分析篩選器

7. 「樞紐分析表工具」→「設計」→「關閉列與欄」，藉此關閉總計欄位，方便後續計算利潤成長率（如圖 3-31）。

8. 交叉分析篩選器中選取最新的兩個年份 2018、2017（如圖 3-31）。

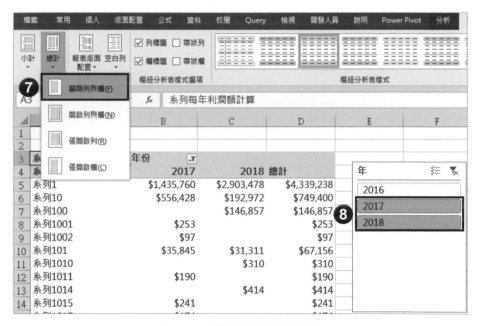

圖 3-31 關閉總計與篩選年份

實際演練 2 ｜系列成長率樞紐分析表

1. 於 D4 輸入 ＝A4，將 A4 內容參照至 D4（如圖 3-32）。

圖 3-32 輸入公式

2. 將游標移置至 D4 儲存格右下角呈現黑色十字，點選左鍵向右拖曳，使公式向右擴展（如圖 3-33）。

3. 將游標移至儲存格右下角呈黑十字→快速點選左鍵兩下，使公式向下擴展，將左方計算完成之利潤額參照到右方（如圖 3-33）。

圖 3-33 擴展公式

4. 擴展公式後選取右方包含資料的儲存格→點選「插入」→「表格」→勾選「我的表格有標題」，藉此建立表格。此處採用表格的方式將原先的系列進行參照，主要是想利用表格能快速更新資料來源的好處，當要使用新的一筆資料進行分析時，能快速進行調整（如圖 3-34）。

圖 3-34 系列利潤參照至右方並建立表格

5. 於表格中輸入公式，計算每項系列利潤成長率（如圖 3-35）。

圖 3-35 計算利潤成長率

6. 計算出每項系列利潤成長率後，將運用樞紐分析工具呈現分析結果。首先，建立樞紐分析表，選取「插入」→「樞紐分析表」，在「選擇您要放置樞紐分析表的位置」可選擇「已經存在的工作表」變更樞紐分析表位置。

7. 將系列拖曳放入列，2017、2018 與利潤成長率放入值，將表格內容重新製作於樞紐分析，後續建立樞紐分析圖，相較於從表格建立圖表，採用此種方式能更快速視覺化分析結果（如圖 3-36）。

8. 更改樞紐分析表欄位名稱（如圖 3-36）。

9. 選取 2017、2018 利潤額欄位儲存格→右鍵選取「數字格式」，
　　開啟「設定儲存格格式」頁面→類別選取「貨幣」，小數位數設
　　為 0，變更利潤額數字格式。

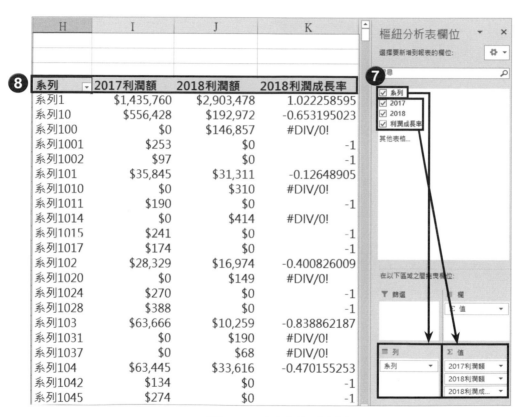

圖 3 36　建立樞紐分析表

實際演練 3 中將透過樞紐分析圖視覺化兩年的利潤額與成長率分析，
方便我們觀察數據中的商業意涵。

實際演練 3 | 系列成長率樞紐分析圖

1. 選取樞紐分析表→點選「樞紐分析工具」→「分析」→「樞紐分析圖」。

2. 選取「組合式」→ 2017、2018 利潤額圖表類型選取「群組直條圖」（如圖 3-37）。

3. 2018 利潤成長率圖表類型選取「含有資料標記的折線圖」→勾選「副座標軸」（如圖 3-37）。

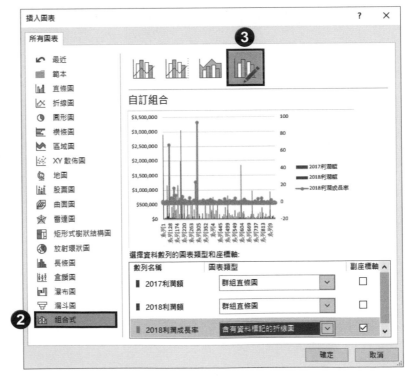

圖 3-37 插入組合式圖表設置

4. 選取圖表項目→勾選「圖表標題」，並更改圖表標題為「利潤成長率分析」（如圖 3-38）。

5. 點選圖表左下角「系列」→選取「值篩選」→「前 10 項」，藉由篩選成長率前十名找尋具有發展潛力之系列（如圖 3-38）。

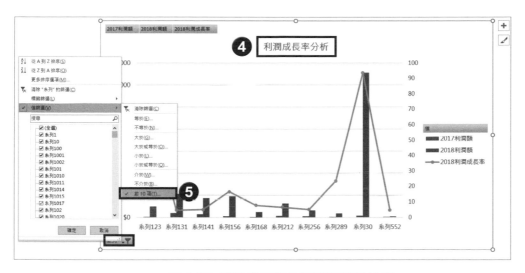

圖 3-38 利潤成長率分析圖表項目設定

6. 點選圖表左下角「系列」→選取「更多排序選項」，再以利潤導向，藉由 2018 年利潤額由高到低進行排序。如果採用成長率高到低進行排序，需注意因為 2017 年利潤過低導致成長率過高，使 2018 年利潤較低的系列排序於圖表前方（如圖 3-39）。

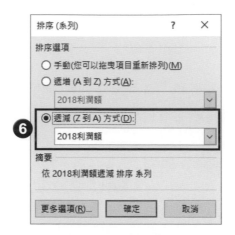

圖 3-39 圖表排序設定

7. 選取圖表項目→勾選「座標軸標題」，並更改座標軸標題（如圖 3-40）。

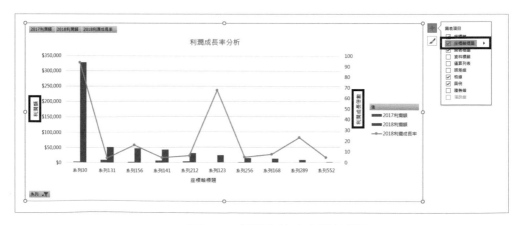

圖 3-40 新增與修改座標軸標題

先篩選兩年期間的利潤成長率，並依新一年度的利潤由高至低進行排序，圖表將會由左到右呈現較具發展潛力之系列，能幫助我們從資料中找出想要的結果。

3.3 藉由商品分析儀表板展示多種圖表

3.3.1 商業分析儀表板介紹

一個分析圖表能夠帶給我們的資訊有限，需要數個良好的分析圖表才能夠提供更全面的資訊，進而輔助決策者制定策略。而商業分析儀表板是能統整多項圖表的好工具。

前面幾節，已經分享了80/20法則、A級系列分析與利潤成長率分析。而本節的實際演練 1、2、3 將統整前述的三項分析結果，製作成可以實際操作的儀表板，如圖 3-41 所示。

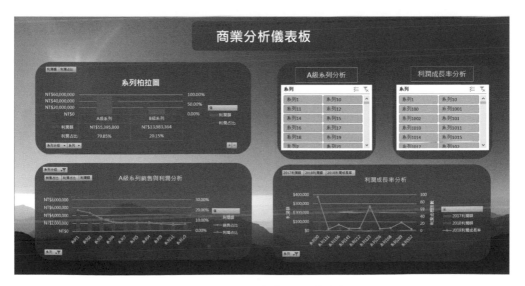

圖 3-41 商業分析儀表板

透過圖 3-42 的交叉分析篩選器，讀者可以自由調整分析圖表中的系列。舉例而言，點選利潤成長率交叉中的系列 1，即可於利潤成長率分析圖中得知系列 1 的分析結果。

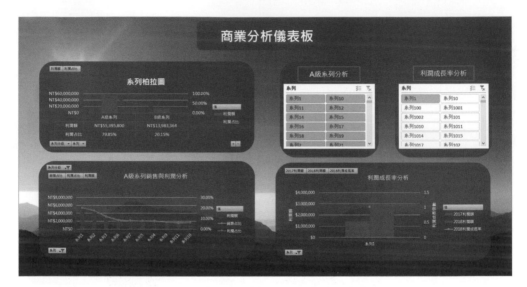

圖 3-42 點選單一系列示範圖

同時點選兩項交叉分析篩選器的系列 1、10 便可在分析圖表中察看兩個圖表中的結果，如圖 3-43 所示，如果比較兩系列，系列 1 在利潤額與成長率皆高於系列 10，系列 1 獲利與發展的機會高於系列 10。

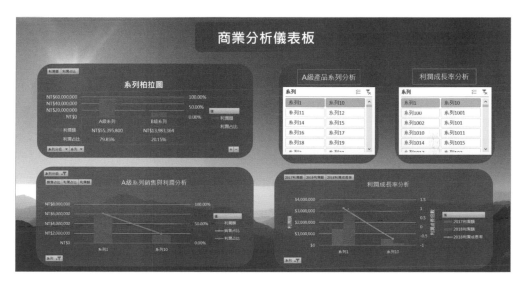

圖 3-43　點選兩系列示範圖

後續的實際演練 1、2 將以章節三的內容製作商業分析儀表板，實際演練 1，將設計商業儀表板的背景，為後續圖表與交叉分析篩選器位置進行設計。

3.3.2 商業分析儀表板製作

實際演練 1 │商業儀表板背景設計

1. 選取「檢視」→「顯示」→取消勾選「資料編輯列」、「標題」與「格線」（如圖 3-44）。

圖 3-44 關閉資料編輯列與標題

2. 選取左上角「功能區顯示選項」→選取「自動隱藏功能區」，將功能區隱藏，能提供商業儀表更多空間進行展示（如圖 3-45）。

圖 3-45 開啟自動隱藏功能區功能

3. 於新活頁簿中，選取「插入」→「圖案」→「矩形：圓角」（如圖 3-46）。

圖 3-46　插入矩形色塊

4. 於活頁簿繪製圖表與標題背景色塊（如圖 3-47）。

圖 3-47　圖表與標題背景色塊

5. 選取背景色塊→「繪圖工具」→「圖案填滿」→選取灰色，色彩可依據喜好進行調整（如圖 3-48）。

6. 選取背景色塊→「繪圖工具」→「圖案填滿」→「其他填滿色彩」，開啟後將透明度調整為 50%，色塊可幫助圖表內容顯示更加清晰，20% 的透明能讓色塊融入背景不會過於突兀（如圖 3-48）。

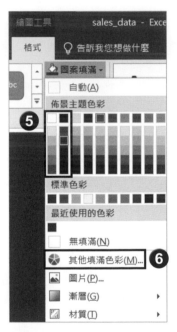

圖 3-48　調整背景色塊色彩

7. 選取背景色塊→「繪圖工具」→「圖案外框」→「無外框」（如圖 3-49）。

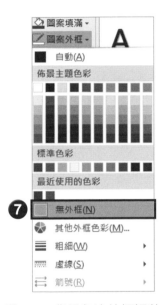

圖 3-49 背景色塊外框調整

8. 點選標題色塊，輸入標題文字，並調整文字大小與色彩（如圖 3-50）。

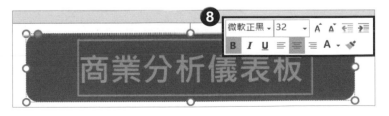

圖 3-50 標題設計

9.　選取「版面配置」→「背景」→選擇想要做為背景之圖片，建議
　　圖片解析為 1080P（如圖 3-51）。

圖 3-51　設定商業儀表板背景

設置完背景後，實際演練 2 中會將各項分析圖表放置於儀表板中，
透過調整圖表設置，使圖表與背景主題一致，整體視覺更加和諧。

實際演練 2 ｜圖表設置

1.　將分析圖表複製貼於商業分析儀表板，並調整至適當大小（如圖
　　3-52）。

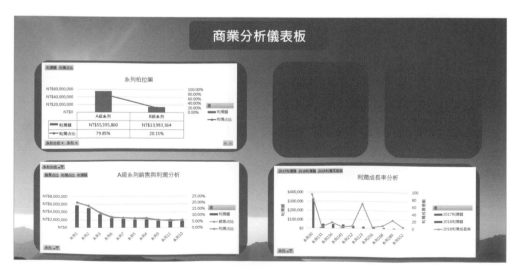

圖 3-52　分析圖表放於商業分析儀表板

2. 選取系列柏拉圖→「樞紐分析圖工具」→「格式」→「圖案填滿」
   →「無填滿」（如圖 3-53）。

3. 選取系列柏拉圖→「樞紐分析圖工具」→「格式」→「圖案外框」
   →「無外框」（如圖 3-53）。

4. 點選系列柏拉圖→點選「常用」→「字型」→將圖表中字體設為
   白色（如圖 3-53）。

5. 參照步驟（2）～（4）操作其他兩圖表（如圖 3-53）。

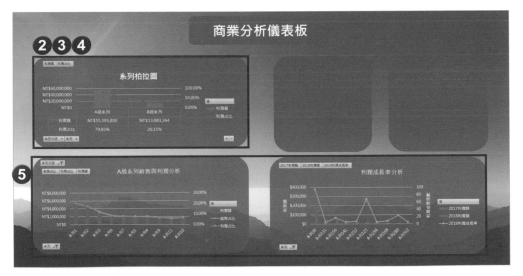

圖 3-53　圖表項目調整

儀表板的圖表設置接完成後，實際演練 3 將加入儀表板的精髓－「交
叉分析篩選器」，有了交叉分析篩選器使得整個儀表板增加了互動
性與即時性，可以快速查詢所需資訊。

實際演練 3 │ 插入交叉分析篩選器

1. 點選「插入」→「文字方塊」→「繪製水平文字方塊」（如圖 3-54）。

圖 3-54 繪製文字方塊

2. 選取文字方塊→「繪圖工具」→「格式」→「圖案填滿」→「無填滿」（如圖 3-55）。

3. 選取分析圖表→「繪圖工具」→「格式」→「圖案外框」→選取白色（如圖 3-55）。

4. 選取分析圖表→點選「常用」→「字型」→設定字體顏色為白色，並選取文字置中（如圖 3-55）。

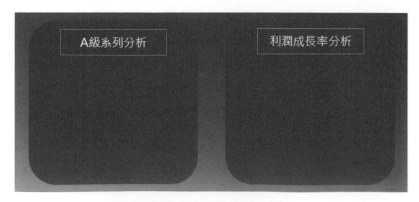

圖 3-55 樞紐分析表標題文字設計

5. 選取 A 級系列銷售與利潤分析圖→點選「分析」→「交叉分析篩選器」→選取系列並放置於背景色塊中（如圖 3-56）。

6. 選取利潤成長率分析圖→點選「分析」→「交叉分析篩選器」→選取系列並放置於背景色塊中（如圖 3-56）。

7. 點選交叉分析篩選器→「交叉分析篩選器選項」→「按鈕」→「欄」數值更改為 2（如圖 3-56）。

圖 3-56　樞紐分析表設計

8. 可透過交叉分析篩選器的點選查看不同系列分析結果，如圖 3-57 所示，於利潤成長率交叉分析篩選器點選系列 1，右下角可查看系列 1 近兩年利潤額與成長率。

圖 3-57 系列 1 分析結果

9. 如需重置篩選條件，可點選圖表下方篩選符號→點選「值篩選」
   →「前 10 項」（如圖 3-58）。

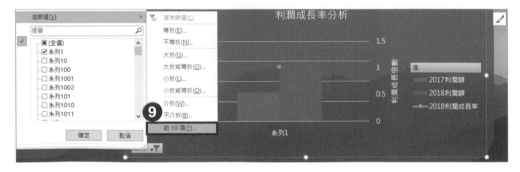

圖 3-58 重置圖表篩選條件

商業儀表板目的是為了幫助我們探索圖表間的商業價值，如何以有
效簡潔的方式進行呈現，根據使用者的需求進行設計與調整，透過
此章節的介紹，能幫助您在整合多個圖表資訊時更加有效率。

顧客分析｜
從消費資料中
找到好顧客

4

4.1 顧客分群：從顧客中找到好顧客

4.1.1 為何進行顧客分群？

您了解您的顧客嗎？企業擁有非常多的顧客資料，然而，要如何審視自己的顧客，以及如何透過歷史資料，對顧客有更深一層的認識呢？

我們可以利用不同的指標條件（如：顧客的消費金額），將顧客作不同的價值區分，亦即顧客分群。透過顧客分群，可以幫助我們瞭解每一客群背後的顧客樣貌與輪廓。並協助我們更精準地根據不同客群的喜好與消費習慣，制定出滿足顧客需求的行銷策略。這樣的應用不僅可以強化內部的顧客資料應用，也可以優化顧客關係管理。

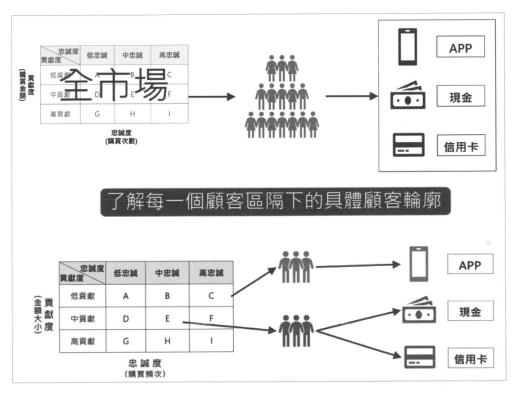

圖 4-1　總體顧客付款方式概況

透過圖 4-1 的解說，可以幫助我們更了解顧客分群帶來的好處。以圖 4-1 上半部為例，如果以系列 1 所有顧客為分析標的，可發現顧客最常使用 APP、現金與信用卡三種付款方式。但若是根據圖 4-1 下半部的內容，則可得知不同顧客在付款方式上各有其偏好。這意味著對不同的顧客群應投其所好，以更精準地了解客群的需求。

4.1.2 如何進行顧客分群？

本章的顧客分群以忠誠度（顧客消費次數）與貢獻度（顧客消費金額）兩項指標進行區分，並分成高、中、低三等份，形成三乘三的九宮格，如圖 4-2 所示。圖形中越往右下角，代表購買次數越高且購買金額越高，這群人即為高忠誠且高貢獻的顧客。反之，越往左上角，則是低忠誠低貢獻的顧客。

忠誠度 貢獻度	低忠誠	中忠誠	高忠誠
低貢獻	A	B	C
中貢獻	D	E	F
高貢獻	G	H	I

（購買金額）貢獻度

忠誠度
(購買次數)

圖 4-2 顧客分群示意圖

那我們該如何區分數值屬於哪一個等級呢？例如：消費 5 次是屬於低、中、高忠誠哪一群？為了進行分群，本章引入資料分析中經典的 K-means 機器學習演算法，採用數學的方式幫助我們區分低、中、高的貢獻度與忠誠度。

K-means 的概念類似於物以類聚，透過數學公式的計算，將擁有類似特性的分為一群，盡可能達到同一群的差異小，不同群之間差異

大的效果，如圖 4-3 所示，將左、中、右分為三群，同一群之前距
離相近，但不同群之間的距離較遠。

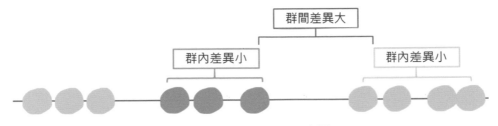

圖 4-3　K-means　示意圖

若要將 K-means 演算法應用於顧客分群中該如何進行？以貢獻度為
例，如圖 4-4，消費者總消費金額越高越靠近右邊、越低越靠近左邊，
運用 K-means 演算法，將消費的總消費分為高、中、低三群，達到
群內差異小、群間差異大的效果。

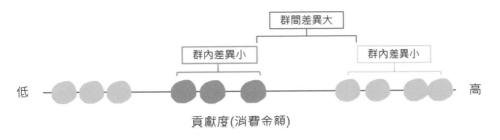

圖 4-4　K-means 應用於貢獻度示意圖

以 K-means 演算法進行分群時，有時資料與兩個群都很接近，導致
重複進行分群時，會產出不同的結果，此時可以藉由 Gap Statistic
來判斷分群結果中哪一個結果是最好的。

Gap Statistic 是衡量隨機的情況下與分群結果的落差，所以當 Gap Statist 越大時，代表物以類聚的效果越明顯，而非隨機分布。

將 K-means 演算法應用於本書案例，即可將系列 1 顧客的忠誠度進行分群，結果如圖 4-5 可分成兩種結果。Gap Statistic 數值越大表示分群結果越好，因此我們以結果 2 為主，來進行後續分析。

結果	分群1	分群2	分群3	Gap Statistic
結果1	1289	146	7794	8.009378613
結果2	8835	394	0	6.602043495

圖 4-5 系列 1 分群結果範例

本章將告訴您如何善用 Excel 的各種工具，將分群演算法的技術帶入 Excel 的分析中，讓讀者能隨著本書一同達到用 K-means 進行顧客分群的效果。

在進入下一節前，請先行下載本章節所有的 Excel 操作檔案，您可進入下述網址或掃描以下 QR code 後，於「章節資源下載」頁面進行下載：

https://tmrmds.co/excel-biz-book/

4.1.3 顧客分群實戰演練

本次顧客分群將以銷售資料中的系列 1 底下的所有產品資料做為範例，進行實際演練 1~4，藉此了解系列下產品的顧客樣貌與習慣。

在進行顧客分群前，我們需從銷售資料中計算每位顧客的消費次數與金額，供後續分群演算法使用。在分析過程會利用一個 Excel 巨集檔案（xlsm），筆者已經將此檔案需要使用到的分類演算法撰寫到巨集模組中，只要讀者放入銷售資料，即能快速計算消費次數與金額並進行顧客分群分析。

實際演練 1 中將示範如何將銷售資料檔案放入模組檔，為後續分析步驟做好準備。

實戰演練 1 ｜顧客分群前資料處理

1. 開啟「顧客分群模組 .xlsm」檔，此檔案有五頁活頁簿可以幫助我們進行顧客分群（如圖 4-6）。

| 銷售資料 | K-means 忠誠度 | 忠誠度資料 | K-means 貢獻度 | 貢獻度資料 |

圖 4-6 顧客分群模組 .xlsm 活頁簿

2. 點選「銷售資料」活頁簿，其中具有銷售資料範例且表格名稱為「銷售資料」（如圖 4-7）當要放入新的銷售資料至本模組時，我們僅需將系列 1 的銷售資料放入模組擋，並建立名稱為「銷售資料」的表格。

3. 在放入銷售資料時需注意以下兩點：

● 表格名稱不能相同，所以需先將原先的表格刪除。

● 表格的欄位名稱需完全相同，否則將會分析錯誤，放入新資料時需特別注意。

圖 4-7　模組銷售資料格式

4. 開啟「系列 1_sales_data.xlsx」檔，右鍵活頁簿→選取「移動或複製」（如圖 4-8）。

圖 4-8　複製活頁簿

5. 「活頁簿」選取「顧客分群模組 .xlsm」→勾選「建立複本」（如
   圖 4-9）。

圖 4-9 將銷售資料複製至模組

6. 右鍵點選「銷售資料」活頁簿→選取「刪除」（如圖 4-10）。

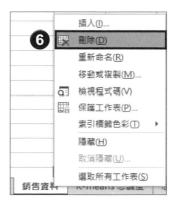

圖 4-10 刪除銷售資料範例檔

7. 點選 sales_data 活頁簿，將系列 1 銷售資料表格名稱更改為「銷售資料」，當使用於其他資料時，請務必注意每一欄名稱與內容皆與原先銷售資料範例相同，如原先銷售資料中為銷售訂單應更改為 ID，如同範例檔（如圖 4-11）。

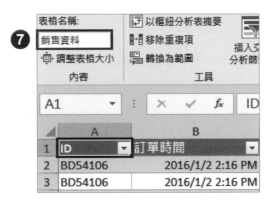

圖 4-11　更改系列 1 銷售資料表格名稱

8. 點選「資料」→「查詢與連線」→「全部重新整理」，此時「忠誠度資料」與「貢獻度資料」兩活頁簿內的資料將會依據系列 1 銷售資料重新進行資料準備（如圖 4-12）。

圖 4-12　將新的資料放入模組並重新整理

9. 點選「檔案」→「另存新檔」，為確保模組不會因為其他因素遭到破壞，建議將分析檔案另存。

另存檔案後，我們將以該檔案進行後續的分析，如果之後有新的分析資料，我們可以再次將銷售資料套入模組檔，如實際演練 1 步驟。實際演練 2 將運用新建立的檔案，將顧客的忠誠度資料（消費次數）與貢獻度資料（消費金額）進行分群。

實戰演練 2 ｜顧客分群實戰演練

1. 點選「檔案」→「選項」→「自訂功能區」→勾選「開發人員選項」，我們將運用開發人員選項中的巨集功能進行 K-means 將顧客分群（如圖 4-13）。

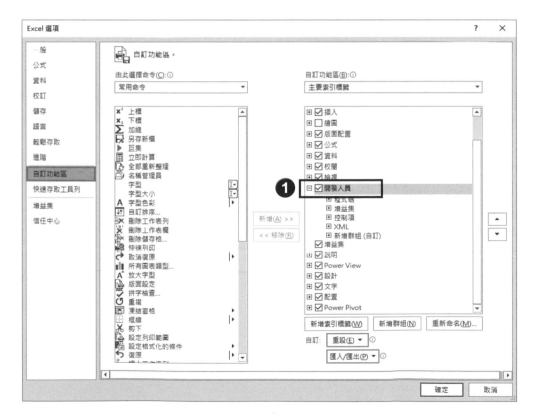

圖 4-13 開啟「開發人員」功能區

2. 切換至「K-means 忠誠度分群」活頁簿（如圖 4-14）。

3. 確認分群參數設定，此步驟常常是執行失敗的原因，所以每次執行巨集前，需要確認每項參數都設定正確（如圖 4-14）。

4. 點選「開發人員」→「巨集」（如圖 4-14）。

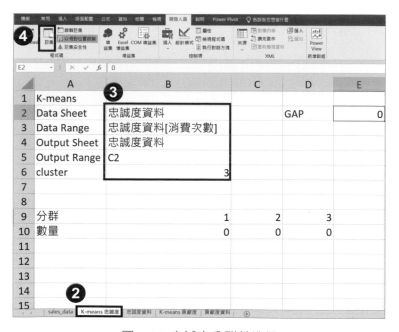

圖 4-14 忠誠度分群前準備

5. 選取「kmeans」→點選「執行」（如圖 4-15）。

圖 4-15 執行 K-means 演算法

6. 藉由重複執行步驟（５）進行分群，並請讀者在執行前確定參數
   皆設定正確，如 GAP 值有變動，可試圖取得 GAP 值為最大的分
   析結果，即為分群效果最好的（如圖 4-16）。

K-means					
Data Sheet	忠誠度資料			GAP	8.009379
Data Range	忠誠度資料[消費次數]				
Output Sheet	忠誠度資料				
Output Range	C2				
cluster		3			
分群		1	2	3	
數量		1289	146	7794	

圖 4-16 忠誠度分群結果

7. 完成忠誠度後，切換至「K-means 貢獻度分群」活頁簿，開始進行貢獻度分群，可參照步驟（3）-（6），進行分群（如圖 4-17）。

K-means				
Data Sheet	貢獻度資料		GAP	-0.840066
Data Range	貢獻度資料[消費金額]			
Output Sheet	貢獻度資料			
Output Range	C2			
cluster		3		
分群		1	2	3
數量		224	2042	6963

圖 4-17 忠誠度分群最佳結果

運用 K-means 進行顧客分群，重複進行分群可能會產生不同的結果，若有許多的結果時，可以將各種結果記錄下來，選擇 GAP 值大的結果，可參考圖 4-5。

實際演練 2 給予了每個顧客忠誠度編號，但編號不代表順序，實際演練 3 藉由平均值計算，判斷分群結果為高忠誠、中忠誠或低忠誠，貢獻度分群亦採同樣方式。

實戰演練 3 ｜顧客分群結果分析

1. 切換至「忠誠度資料」活頁簿，以分群結果為例，選取「插入」
   →「樞紐分析表」建立樞紐分析表，樞紐分析表位置選擇同一個
   工作表（如圖 4-18）。

圖 4-18　建立樞紐分析表

2. 將消費次數拖曳放入列，忠誠度分群放入值，計算不同分群標籤
   的平均消費次數（如圖 4-19）。

3. 更改樞紐分析表欄位名稱（如圖 4-19）。

4. 選取平均值 - 消費次欄位儲存格→右鍵選取「摘要值方式」→「平
   均值」（如圖 4-19）。

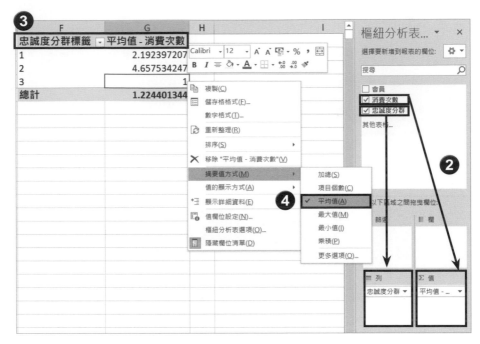

圖 4-19　忠誠度分群結果樞紐分析表

5. 利用 RANK.AVG 函數進行平均值排序，使用格式如下：RANK.
   AVG（查詢值, 範圍），G2 為查詢值、G2 到 G4 為範圍，設定
   範圍時按下 F4 新增 $ 形成絕對參照，當公式擴展時不會隨之變
   動（如圖 4-20）。

6. 舉例來說：忠誠度分群結果 3 的平均消費次數 1 次，在三群排序
   第三名，藉由排序可得知忠誠度分群結果 3 為低忠誠，依此類推
   （如圖 4-20）。

忠誠度分群標籤	平均值 - 消費次數	排序
1	2.192397207	=RANK.AVG(G2,$G$2:$G$4) 5
2	4.657534247	1
3 6	1	3

圖 4-20 忠誠度分群平均值排序

7. 藉由 IF 函數判斷排序藉此標示分群結果，如果排序為 1 則回傳高忠誠；為 2 時回傳中忠誠；如果皆不是則回傳低忠誠，藉此標示忠誠度分群（如圖 4-21）。

忠誠度分群標籤	平均值 - 消費次數	排序	忠誠度分群 7
1	2.192397207	2	=IF(H2=1,"高忠誠",IF(H2=2,"中忠誠","低忠誠"))
2	4.657534247	1	高忠誠
3	1	3	低忠誠

圖 4-21 標示高忠誠、中忠誠、低忠誠

8. 使用 VLOOKUP 函數，將右方忠誠度分群的結果參照回左方表格，VLOOKUP 使用格式如下：VLOOKUP（參照值 , 範圍 , 回傳第幾項 , 符合情形），左方表格的第 3 欄忠誠度分群標籤為查詢值、F2 到 I4 為範圍，設定範圍時按下 F4 新增 $ 形成絕對參照，傳回右方表格中第 4 欄位項忠誠度分群，符合情形為 FASLE 代表完全符合（如圖 4-22）。

	A	B	C	D 8	E	F	G	H	I
1	會員	消費次數	忠誠度分群標籤	忠誠度分群		忠誠度分群標籤	平均值 - 消費次數	排序	忠誠度分群
2	11734	1	3	=VLOOKUP([@忠誠度分群標籤],$F$2:$I$4,4,FALSE)		1	2.192397207	2	中忠誠
3	10052301	1	3	低忠誠		2	4.657534247	1	高忠誠
4	10052349	1	3	低忠誠		3	1	3	低忠誠
5	10052200	1	3	低忠誠		總計	1.224401344		

圖 4-22 將分析結果參照回忠誠度資料表格

9. 完成忠誠度後，切換至「貢獻度資料」活頁簿，將貢獻度分群進行處理，可參照步驟（1）-（8）（如圖 4-23）。

	A	B	C	D	E	F	G	H	I
1	會員	消費金額	貢獻度分群標籤	貢獻度分群		貢獻度分群標籤	平均值 - 消費金額	排序	貢獻度分群
2	10038544	499	3	低貢獻		1	NT$6,656	1	高貢獻
3	10056454	499	3	低貢獻		2	NT$2,457	2	中貢獻
4	10070026	499	3	低貢獻		3	NT$878	3	低貢獻
5	10070042	499	3	低貢獻		總計	NT$1,368		

圖 4-23 貢獻度分群處理結果

10. 將貢獻度資料與忠誠度資料的分群結果，利用 VLOOKUP 回傳至銷售資料（如圖 4-24）。

C	D	E	F	G	H	I	J	K	L	M
會員	性別	年紀	廣告代號all	產品	顏色	尺寸	單價	成本	忠誠度分群	貢獻度分群
CM11734	FEMALE	32	廣告_critei_critei	產品1-11	whitetrigra	L	373	274	低忠誠	=VLOOKUP([@會員],貢獻度資料,4,FALSE)
CM11734	FEMALE	32	廣告_critei_critei	產品1-11	trigrayblac	L	396	293	低忠誠	低貢獻
CM100126	FEMALE	26	廣告_自然流量	產品1-12	watermelo	M	434	253	中忠誠	中貢獻
CM100126	FEMALE	26	廣告_自然流量	產品1-12	jeanblue	M	467	275	中忠誠	中貢獻
CM100126	FEMALE	26	廣告_自然流量	產品1-13	navyblue	L	692	424	中忠誠	中貢獻

圖 4-24 將分群結果回傳至銷售資料

11. 於銷售資料表格新增一欄，使用函數將忠誠度分群與貢獻度分群結果進行串接，即完成顧客分群（如圖 4-25）。

L	M	N
忠誠度分群	貢獻度分群	顧客分群
低忠誠	低貢獻	=[@忠誠度分群]&[@貢獻度分群]
低忠誠	低貢獻	低忠誠低貢獻
中忠誠	中貢獻	中忠誠中貢獻

圖 4-25 顧客分群結果示意圖

4.1.4 顧客分群商業應用

延續圖 4-1 的案例，筆者在顧客分群後，再次統計各群使用的付款工具，如圖 4-26 所示。E 群（中忠誠且中貢獻）偏好使用現金與信用卡，C 群（高忠誠且低貢獻）則偏好使用 APP 進行付款，透過此圖，即可辨別兩群顧客消費習慣的不同，了解每一群的顧客偏好，不管是通路、支付方式或產品，都有助於擬定後續的行銷策略。

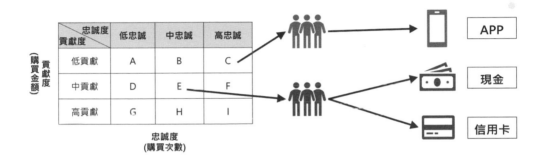

圖 4-26 顧客分群付款方式分析

顧客分群中有 A、B、C、D、E、F、G，共 9 個群，在行銷資源有限的情況下，該如何選擇適當的客群？

實務上，企業叫依照自身需求來進行選擇，在此提供筆者對本案例的看法。

I 群為高忠誠高貢獻的顧客，又稱常貴客或 VIP 顧客，不需要受到廣
告的刺激便有高機率購買相關商品。雖然此群顧客對企業相當寶貴，
但廣告服務可能並不適合此群。如果希望能夠保有該客群，建議採
取客製化、專業性的一對一服務，提升該客群的黏著度。

低忠誠或低貢獻的客群，如：A 群、B 群、D 群。當企業希望多擴展
穩定的顧客關係時，可以對這些客群進行行銷，例如透過廣告將顧
客帶往九宮格的右下方，提升消費次數與消費金額。

在實務操作中，我們可能選擇不同群別的方式，以 E 群為例，E 群
可能是原本 I 群、H 群、F 群的顧客，但後來消費金額或消費次數開
始減少。若是企業對該群顧客推播不同的行銷方案，可以喚醒顧客
的再購及回購意願。

在對顧客進行分群後，可以更深入地描繪客群樣貌，例如：顧客的
性別、年齡。以 A 級系列的系列 1 為範例，透過性別與年齡分析，
可得知客群性別佔比及年齡分佈。在實際的操作時（如圖 4-27 所
示），可以點選左方客群的標籤，查看不同客群的性別佔比。

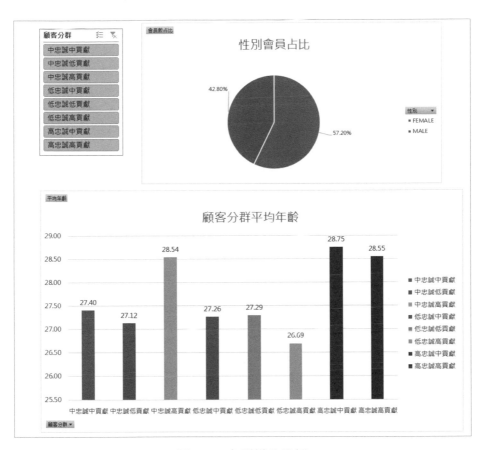

圖 4-27 客群樣貌分析

計算客群的利潤額與會員數，可以協助我們評估此客群市場的規模、平均利潤額等資訊，如圖 4-28 所示。

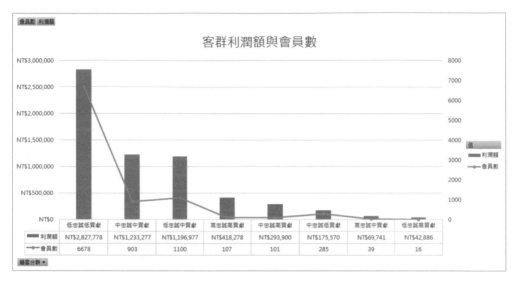

圖 4-28 客群分析 1

運用交叉分析篩選器進一步檢視不同客群下的產品銷售額與利潤額，可以更進一步了解不同客群下的主要熱門商品，如圖 4-29。

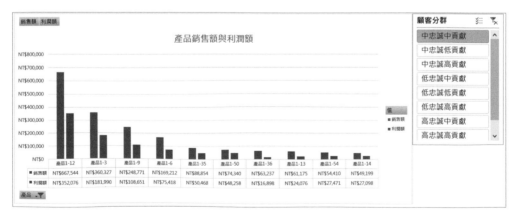

圖 4-29 客群分析 2

4.1.5 顧客分析實戰演練－檢視消費者行為與樣貌

本節將實際演練顧客分群的各種應用，例如：客群年齡計算、性別占比等，將會在實際演練 4 ～ 7 進行。

在實際演練 4 中，分析顧客性別比，藉由交叉分析篩選器可檢視不同客群的性別。

實戰演練 4 ｜客群性別比分析

1. 以銷售資料為例，選取「插入」→「樞紐分析表」，並勾選「新增此資料至資料模型」建立樞紐分析表（如圖 4-30）。

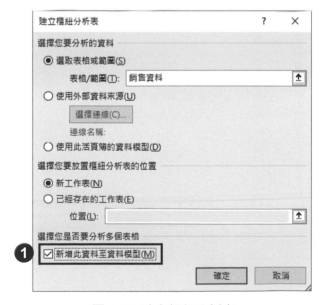

圖 4-30　建立樞紐分析表

2. 將性別拖曳放入列，會員放入值，計算不同性別下的會員個數（如圖 4-31）。

3. 選取會員欄位儲存格→右鍵選取「值欄位設定」→「摘要值方式」→選取「相異計數」，相異計數可幫助計算會員欄位共有多少位會員，如需開啟相異計數功能，需在步驟（1）勾選「新增此資料至資料模型」（如圖 4-31）。

4. 更改樞紐分析表欄位名稱（如圖 4-31）。

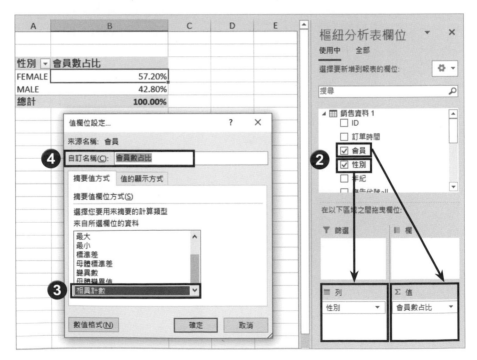

圖 4-31 每年系列利潤額樞紐分析表

5. 選取「值的顯示方式」→選取「欄總和百分比」，計算會員性別占比（如圖 4-32）。

圖 4-32 計算會員性別占比

6. 選取樞紐分析表→點選「樞紐分析工具」→「分析」→「樞紐分析圖」→選取「圓形圖」（如圖 4-33）。

圖 4-33 插入性別占比圓形圖

7. 修改圖表標題為「性別會員占比」（如圖 4-34）。

8. 選取圖表項目→勾選「資料標籤」，將百分比數值呈現於圖表中（如圖 4-34）。

9. 選取樞紐分析圖→「樞紐分析表工具」→「插入交叉分析篩選器」→勾選顧客分群，可以點選篩選器查看不同客群之會員性別占比（如圖 4-34）。

了解客群性別比可以在行銷、研發提供許多資訊，假設高忠誠及高貢獻的顧客女性比例極高，針對此客群的行銷活動就應該以女性需求為導向。

實際演練 5 將計算不同客群下的平均年紀，藉此了解主要消費客群年齡。

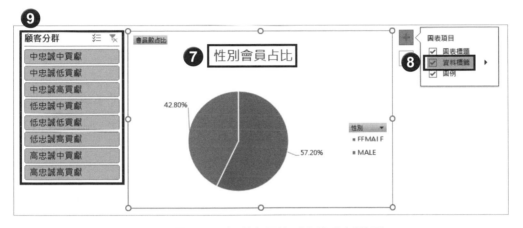

圖 4-34　客群會員性別占比分析結果

實戰演練 5 ｜ 客群平均年紀分析

1. 以銷售資料為例，選取「插入」→「樞紐分析表」，將顧客分群拖曳放入列，年紀放入值，計算各個顧客分群下平均年紀（如圖 4-35）。

2. 選取年紀欄位儲存格→右鍵選取「摘要值方式」→選取「平均值」，變更年紀計算方式（如圖 4-35）。

3. 選取年紀欄位儲存格→右鍵選取「數字格式」→選取「數值」，
   調整為顯示小數位數後 2 位 （如圖 4-35 ）。

4. 更改樞紐分析表欄位名稱（如圖 4-35 ）。

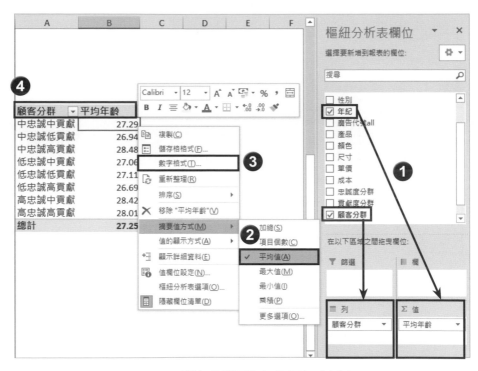

圖 4-35 顧客分群平均年紀樞紐分析表

5. 選取樞紐分析表→點選「樞紐分析工具」→「分析」→「樞紐分
   析圖」→選取「直條圖」。

6. 將圖表標題改為「顧客分群平均年齡」（如圖 4-36 ）。

7. 選取圖表項目→勾選「資料標籤」，將平均年紀數值呈現於圖表
   中（如圖 4-36 ）。

8. 選取圖中資料數列→「資料數列格式」→「填滿與線條」→「填滿」→勾選「依資料點分色」，為不同客群填上不同色彩（如圖4-36）。

藉由實際演練 4、5 可得知客群樣貌，而顧客分群的平均年齡並無法得知客群中哪一個年齡區間人數最多。如果想得知年齡分布，必須將年齡放入「列」，會員以相異計數放入「值」即可得知。

在實際演練 6 中，將分析顧客的銷售資料，計算客群人數與客群總利潤，進而了解客群的現況，輔助我們判斷該以哪一客群做為主要目標。

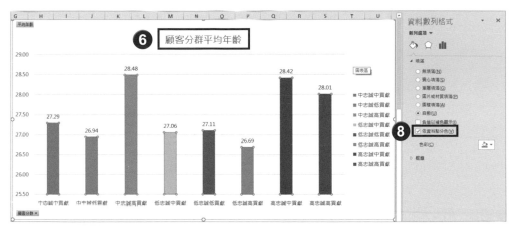

圖 4-36 客群平均年紀分析結果

實戰演練 6 | 客群利潤分析

1. 以銷售資料為例，選取「插入」→「樞紐分析表」，並勾選「新增此資料至資料模型」建立樞紐分析表。

2. 將顧客分群拖曳放入列，利潤、會員放入值，計算不同客群下會員個數與利潤額（如圖 4-37）。

3. 選取會員欄位儲存格→右鍵選取「值欄位設定」→「摘要值方式」→選取「相異計數」（如圖 4-37）。

4. 選取利潤額欄位儲存格→右鍵選取「數字格式」，開啟「設定儲存格格式」頁面→類別選取「貨幣」，小數位數設為 0，變更利潤額數字格式（如圖 4-37）。

5. 更改樞紐分析表欄位名稱（如圖 4-37）。

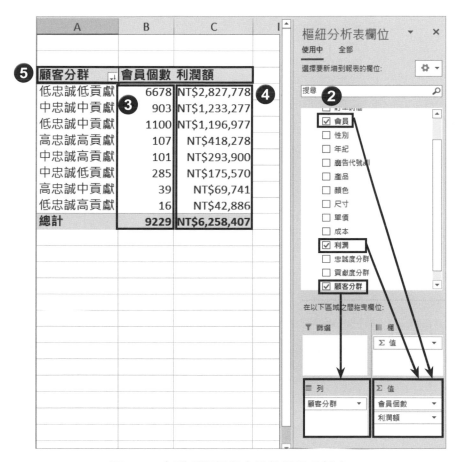

圖 4-37　客群利潤額與會員數樞紐分析表

6. 選取樞紐分析表→點選「樞紐分析工具」→「分析」→「樞紐分析圖」→選取「組合式」，會員數圖表類型選取「含有資料標記的折線圖」並勾選「副座標軸」，利潤額圖表類型選取「群組直條圖」（如圖 4-38）。

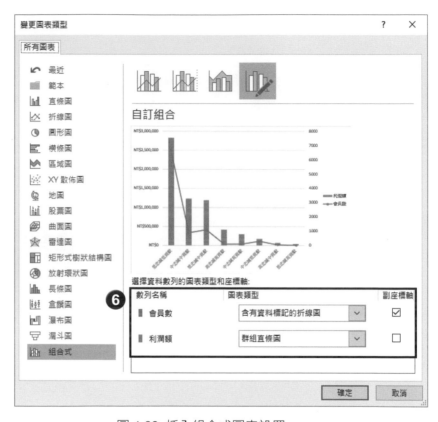

圖 4-38 插入組合式圖表設置

7. 修改圖表標題為「客群利潤額與會員數」（如圖 4-39）。

8. 選取圖表項目→勾選「運算列表」，將數值呈現於圖表下方（如圖 4-39）。

藉由客群利潤額與會員數圖表，可以得知不同客群的所帶入的利潤額，當利潤額越高會員數越少時，表示此客群的平均消費較高，如圖 4-39 中忠誠中貢獻與低忠誠中貢獻利潤額相近，但前者會員數較少。

實際演練 7 將計算產品銷售額與利潤額，並新增交叉分析篩選器，以查看不同客群下的消費架構、喜好的產品。

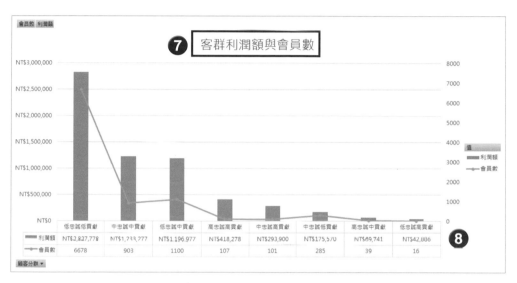

圖 4-39 客群利潤額與會員數圖表

實戰演練 7 ｜ 客群產品銷售與利潤分析

1. 以銷售資料為例，選取「插入」→「樞紐分析表」，將產品拖曳放入列，單價與利潤放入值，計算每項產品銷售額與利潤額 （如圖 4-40）。

2. 選取利潤額欄位儲存格→右鍵選取「數字格式」，開啟「設定儲存格格式」頁面→類別選取「貨幣」，小數位數設為 0，變更利潤額數字格式，銷售額也採用相同操作（如圖 4-40）。

3. 更改樞紐分析表欄位名稱（如圖 4-40）。

4. 點選產品欄位儲存格→選取「篩選」→「前十項」→藉由銷售額
   篩選前十項系列，並由大到小進行排序（如圖 4-40）。

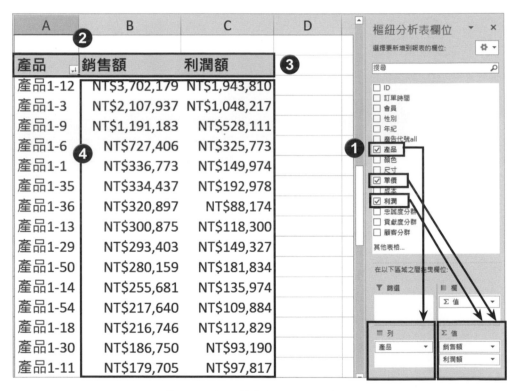

圖 4-40 產品銷售額與利潤額樞紐分析表

5. 選取樞紐分析表→點選「樞紐分析工具」→「分析」→「樞紐分
   析圖」→選取「直條圖」。

6. 修改圖表標題為「產品銷售額與利潤額」（如圖 4-41）。

7. 選取圖表項目→勾選「運算列表」，將數值呈現於圖表下方（如圖 4-41）。

8. 選取樞紐分析圖→「樞紐分析表工具」→「插入交叉分析篩選器」→勾選顧客分群，可以點選篩選器查看不同客群下，哪些產品是銷售的最好的，輔助後續行銷活動制定（如圖 4-41）。

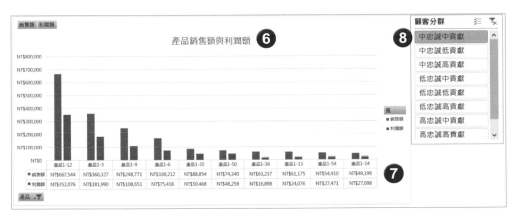

圖 4-41 產品銷售額與利潤額分析結果

藉由計算產品銷售額與利潤額，與點選篩選器查看不同客群下，哪些產品銷售最好，可以從中得知客群主要消費力與產品類型。

4.1.6 顧客分群分析儀表板

本節在操作環節中透過許多分析得知了顧客的樣貌與利潤分析，實際演練 8 到實際演練 11 中將製作顧客分群的儀表板，如圖 4-42 所示。可以藉由圖 4-42 右上角交叉分析篩選器，選取中忠誠中貢獻，在儀表板中性別會員占比、產品銷售額與利潤額，便會同步更新為中忠誠中貢獻的資料。

利用單一交叉分析篩選器，可以連動多個儀表板，如此也可讓儀表板頁面操作更加直觀、簡潔，讓我們可以從多個圖表中交互查看資訊，輔助決策。

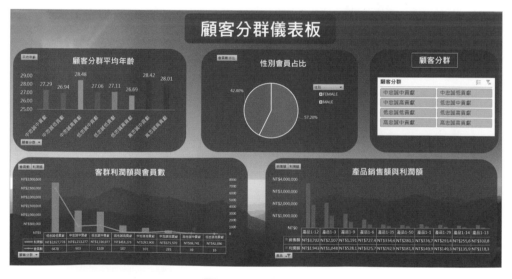

圖 4-42 顧客分群儀表板

為了能有更好的儀表互動性，實際演練 8 將重新設定樞紐分析表的名稱，再後續連接交叉分析篩選器時能更加方便。

實戰演練 8 ｜樞紐分析表與圖名稱設定

1. 選取性別會員占比樞紐分析表→「樞紐分析表工具」→「分析」→將樞紐分析表的名稱改為「性別會員占比」（如圖 4-43）。

圖 4-43 設置樞紐分析表名稱

2. 選取圓餅圖→樞紐分析圖工具「分析」→將圖表名稱改為「性別會員占比」（如圖 4-44）。

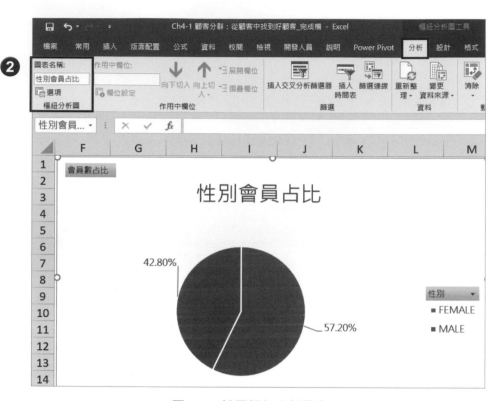

圖 4-44 設置樞紐分析圖名稱

3. 根據上述步驟（1）、（2），將各個樞紐分析表與樞紐分析圖名稱進行變更。

當分析專案中有多個圖表時，此步驟可方便交叉分析篩選器選取正確的圖表進行連動。

實際演練 9，將設計商業儀表板的背景，為後續圖表與交叉分析篩選器位置進行較好的配置。

實戰演練 9 ｜商業儀表板背景設計

1. 選取工具列「檢視」→「顯示」→取消勾選「資料編輯列」、「標題」與「格線」（如圖 4-45）。

圖 4-45 關閉資料編輯列與標題

2. 選取左上角「功能區顯示選項」→選取「自動隱藏功能區」，步驟（1）、（2）將功能區隱藏，使其能提供儀表板更多空間進行展示（如圖 4-46）。

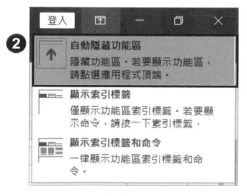

圖 4-46 開啟自動隱藏功能區功能

3.　於新活頁簿中，選取「插入」→「圖案」→「矩形：圓角」（如圖 4-47）。

圖 4-47　插入矩形色塊

4.　於活頁簿繪製圖表與標題背景色塊（如圖 4-48）。

圖 4-48　圖表與標題背景色塊

5.　選取背景色塊→「繪圖工具」→「圖案填滿」→選取灰色，色彩可依據喜好進行調整（如圖 4-49）。

6. 選取背景色塊→「繪圖工具」→「圖案填滿」→「其他填滿色彩」，開啟後將透明度調整為20%，色塊可幫助圖表內容顯示更加清晰，20% 的透明能讓色塊融入背景不會過於突兀（如圖4-49）。

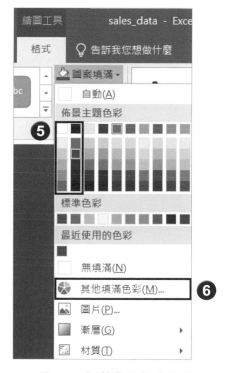

圖 4-49 調整背景色塊色彩

7. 選取背景色塊→「繪圖工具」→「圖案外框」→「無外框」。

8. 點選標題色塊，輸入標題文字，並調整文字大小與色彩（如圖4-50）。

圖 4-50 標題設計

9. 選取「版面配置」→「背景」→選擇想要做為背景之圖片，建議
   圖片解析為 1080P（如圖 4-51）。

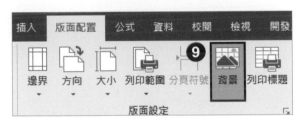

圖 4-51 設定商業儀表板背景

設置完背景後，實際演練 10 中將各項分析圖表放置於顧客分群儀表
板中，調整圖表設置，使圖表與背景主題一致。所有的設定都可以
根據讀者的需求自行調整，此實際演練僅是筆者所建議的方式之一。

實戰演練 10 ｜ 圖表設置

1. 將分析圖表複製貼於商業分析儀表板，並調整至適當大小（如圖 4-52）。

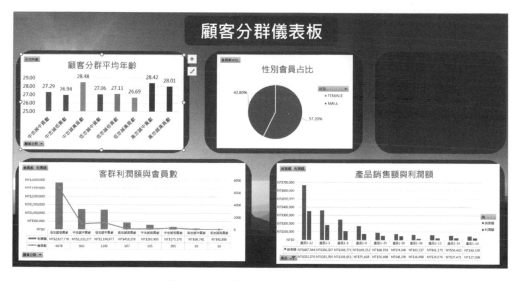

圖 4-52 分析圖表放於商業分析儀表板

2. 選取顧客分群平均年齡圖→「樞紐分析圖工具」→「格式」→「圖案填滿」→「無填滿」（如圖 4-53）。

3. 選取顧客分群平均年齡圖→「樞紐分析圖工具」→「格式」→「圖案外框」→「無外框」（如圖 4-53）。

4. 點選顧客分群平均年齡圖→點選「常用」→「字型」→將圖表中字體設為白色（如圖 4-53）。

5. 參照步驟（2）～（4）操作其餘三圖表（如圖 4-53）。

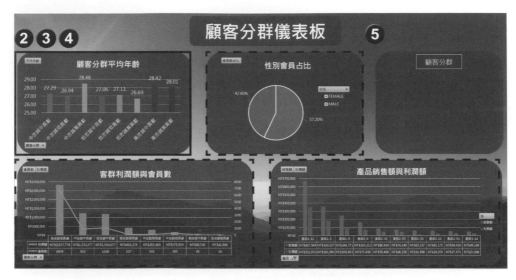

圖 4-53 圖表項目調整

6. 點選顧客分群平均年齡圖中的格線→按下 Delete 即可將格線刪
除（如圖 4-54）。

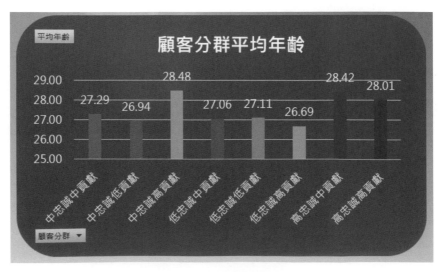

圖 4-54 圖表格線刪除

儀表板的圖表設置完成後，實際演練 11 將加入交叉分析篩選器，為儀表板增加了互動性與即時性，可以快速查詢所需資訊。

實戰演練 11 ｜插入交叉分析篩選器

1. 點選「插入」→「文字方塊」→「繪製水平文字方塊」（如圖 4-55）。

圖 4-55　繪製文字方塊

2. 選取文字方塊→「繪圖工具」→「格式」→「圖案填滿」→「無填滿」（如圖 4-56）。

3. 選取分析圖表→「繪圖工具」→「格式」→「圖案外框」→選取白色（如圖 4-56）。

4. 選取分析圖表→點選「常用」→「字型」→設定字體顏色為白色，並選取文字置中（如圖 4-56）。

圖 4-56 交叉分析篩選器標題文字設計

5. 選取性別會員占比圖→點選「分析」→「交叉分析篩選器」→選取系列並放置於背景色塊中（如圖 4-57）。

6. 點選交叉分析篩選器→「交叉分析篩選器選項」→「按鈕」→「欄」數值更改為 2（如圖 4-57）。

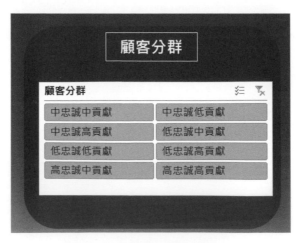

圖 4-57 交叉分析篩選器設計

7. 點選交叉分析篩選器→右鍵選取「報表連線」→將各項分析打勾（如圖 4-58）。

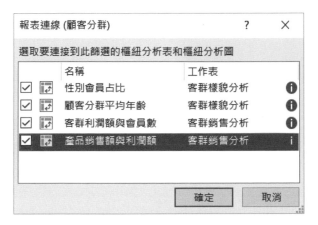

圖 4-58　報表連線設定

8. 如果圖 4-58 中沒有您的分析，代表在建立樞紐分析表過程中未將「新增此資料至資料模型」進行勾選，此時只需重新建立一份樞紐分析圖表即可。

9. 點選右方交叉分析篩選器中的各項客群，儀表板中的所有圖表皆可進行同步更新，如圖 4-59 中為中忠誠客群之分析資料。

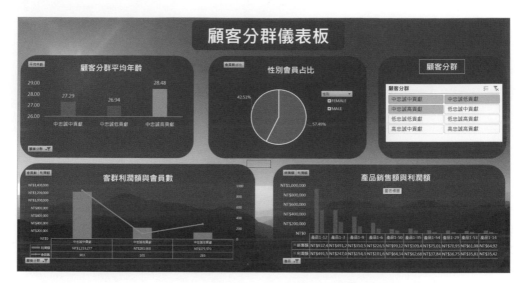

圖 4-59 中忠誠客群分析圖

點選顧客分群交叉分析篩選器，即可查看鎖定客群的各項分析，查看年齡、性別可得知顧客的樣貌。藉由左下角客群利潤額與會員數，可以衡量客群的市場、利潤是否夠大，最後可以藉由產品銷售額與利潤額得知客群喜愛的產品類型，藉此了解顧客樣貌與消費習慣。

4.2 哪些廣告效益才是最有效的

4.2.1 針對目標客群，找尋最佳行銷活動

在 4.1 節的客群分析中，透過客群的各項資料分析，可以協助我們鎖定目標客群，那我們該運用哪些行銷活動才能促進目標客群的消費意願？

本節將運用交叉分析篩選器選取客群與產品，分析特定客群與產品各項廣告效益，例如：每月廣告銷售額、平均廣告利潤額等，找尋最適合推廣產品的行銷活動。在廣告的推廣時，也可以注意廣告是否也分季節性。舉例來說，可樂廣告在夏季時，經常出現海灘、烈日的畫面，冬季時，則以聖誕節、過年團聚為主題，在適當的時間點推出合適的廣告，才是明智的做法。

在實際演練 1 中，將分析不同月份下各項廣告表現，並透過交叉分析篩選器找到該時間段表現最好之行銷活動，以圖 4-60 為例，交叉分析篩選器中客群為中忠誠中貢獻，並以產品 1-1、1-11、1-12 為主進行分析，可以得知「廣告 _KDP_p（圖 4-60 中方形標點）」於夏季 6-8 月份利潤額表現優異，非常適合在夏季時進行，而 1-4 月份表現則平庸。

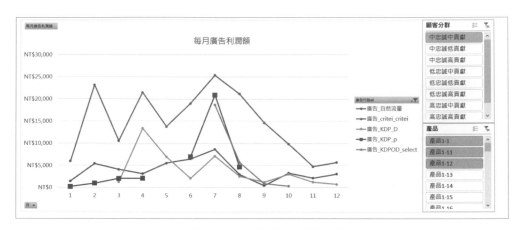

圖 4-60 每月廣告利潤額分析圖

在實際演練 2 中,會計算各項廣告成功交易筆數與利潤額,進而得知廣告效益,同時比較兩項數值可得知顧客消費平均利潤,哪項廣告更能為企業帶入利潤。

讀者應用在自我的案例實戰時,若是有廣告成本,也可放入一起進行分析會更好,可以更明確地得知廣告轉換率的成果,提供更完整的資訊作為後續行銷策略擬定的參考。

以圖 4-61 為例,交叉分析篩選器中選定的客群為中忠誠中貢獻,並以產品 1-12 為主進行分析,以「廣告 _KDP_D」與「廣告 _KDP_p」為例,後者廣告利潤額高於前者且交易筆數低於前者,說明此廣告效果能以較低的交易筆數,即帶入較高的的顧客平均消費利潤。

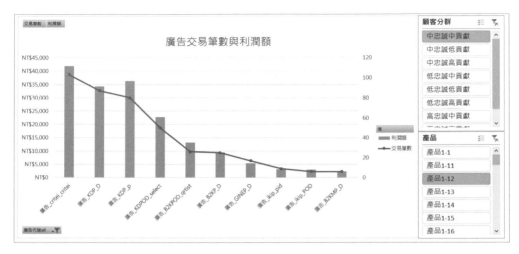

圖 4-61　廣告交易筆數與利潤額分析

4.2.2　廣告分析實戰

本次廣告分析將延續顧客分群的資料檔，以銷售資料中的系列 1 所有產品資料做為範例，進行實際演練 1、2，藉此了解系列 1 不同產品的各項廣告效益。

實際演練 1 中將計算每項廣告每月利潤額，並採用折線圖呈現廣告利潤額變化。

實戰演練 1 ｜ 客群每月廣告分析

1.　以銷售資料為例，選取「插入」→「樞紐分析表」。

2.　將月拖曳放入列，利潤放入值，廣告代號 all 放入欄，計算每月各項廣告利潤額（如圖 4-62）。

3. 選取利潤額欄位儲存格→右鍵選取「數字格式」，開啟「設定
儲存格格式」頁面→類別選取「貨幣」，小數位數設為 0（如圖
4-62）。

4. 點選廣告代號下拉選單→「值篩選」→「前 10 項」，以利潤額
前五名做為篩選條件（如圖 4-62）。

5. 點選廣告代號下拉選單→「更多排序選項」→「遞減（Z 到 A）
方式」並選取利潤額，便可將廣告利潤額由高至低，由左至右呈
現 （如圖 4-62）。

6. 更改樞紐分析表欄位名稱（如圖 4-62）。

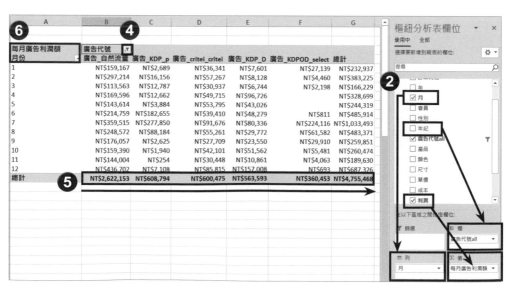

圖 4-62 每月廣告利潤額樞紐分析表

7. 選取樞紐分析表→點選「樞紐分析工具」→「分析」→「樞紐分析圖」→選取「含有資料標記的折線圖」。

8. 選取圖表項目→勾選「圖表標題」，修改圖表標題為「每月廣告利潤額」（如圖 4-63）。

9. 選取樞紐分析圖→「樞紐分析表工具」→「插入交叉分析篩選器」→勾選顧客分群與產品，即可查看不同客群與產品下各項廣告效益（如圖 4-63）。

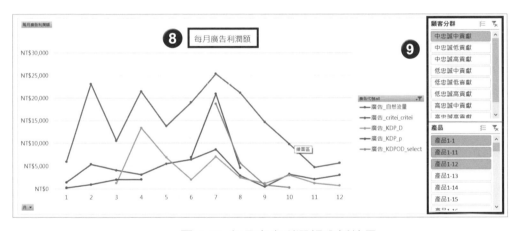

圖 4-63 每月廣告利潤額分析結果

實戰演練 2 ｜ 客群平均年紀分析

1. 以銷售資料為例，選取「插入」→「樞紐分析表」，並勾選「新增此資料至資料模型」建立樞紐分析表，將廣告代號 all 拖曳放入列，ID 與利潤放入值，計算每項廣告利潤額與交易筆數（如圖 4-64）。

2. 選取 ID 欄位儲存格→右鍵選取「值欄位設定」→「摘要值方式」
   →選取「相異計數」，藉此計算廣告成功交易筆數（如圖4-64）。

3. 選取利潤額欄位儲存格→右鍵選取「數字格式」→選取「貨幣」，
   調整為顯示小數位數為 0（如圖 4-64）。

4. 更改樞紐分析表欄位名稱（如圖 4-64）。

5. 點選廣告欄位儲存格→選取「篩選」→「前十項」→藉由利潤額
   篩選前十項廣告，並由利潤額大到小進行排序。

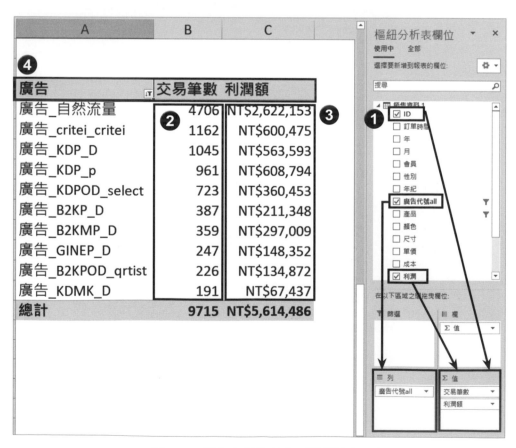

圖 4-64　廣告交易筆數與利潤額樞紐分析表

6. 選取樞紐分析表→點選「樞紐分析工具」→「分析」→「樞紐分析圖」→選取「組合式」，交易筆數圖表類型選取「含有資料標記的折線圖」並勾選「副座標軸」，利潤額圖表類型選取「群組直條圖」（如圖 4-65）。

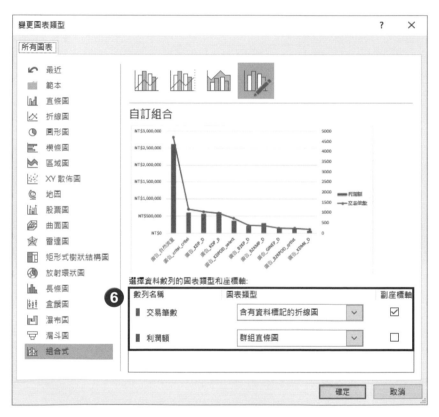

圖 4-65 插入組合式圖表設置

7.　修改圖表標題為「廣告交易筆數與利潤額」（如圖 4-66）。

8.　選取樞紐分析圖→「樞紐分析表工具」→「插入交叉分析篩選器」
　　→勾選顧客分群與產品，即可查看不同客群與產品下各項廣告效
　　益（如圖 4-66）。

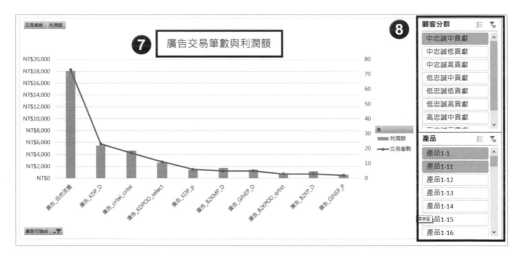

圖 4-66　廣告交易筆數與利潤額分析圖

9.　由於自然流量無法提供行銷策略制定，可點選「廣告_自然流量」
　　→右鍵「篩選」→「隱藏選取項目」（如圖 4-67）。

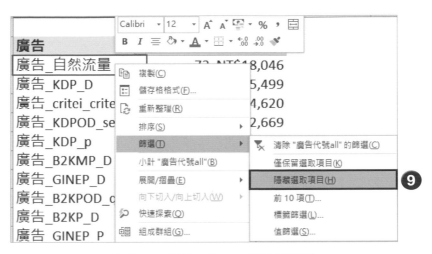

圖 4-67 隱藏廣告 _ 自然流量項目

10. 隱藏自然流量後會解除篩選狀態，可重新選取利潤額前十項廣告
→「篩選」→「僅保留選取項目」以顯示除自然流量外利潤額前
10 名廣告（如圖 4-68）。

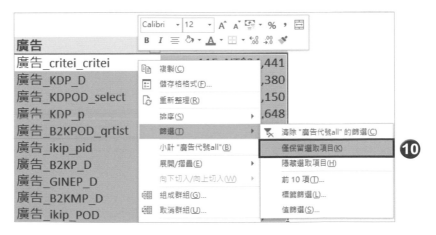

圖 4-68 廣告交易筆數與利潤額分析結果

如圖 4-69 所示，以「廣告 _KDP_D」與「廣告 _KDPO_select」為例，兩個廣告利潤額相近，而後者交易筆數低於前者，說明後者的顧客消費平均高於前者，欲選擇其中之一的廣告行銷時建議採用後者。

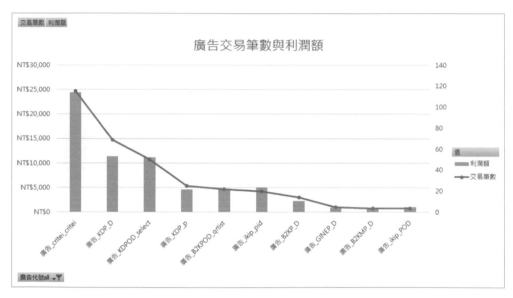

圖 4-69 廣告交易筆數與利潤額分析結果

4.2.3 廣告分析儀表板

廣告分析實戰演練中的分析，可以協助我們了解各項廣告現況。而製作儀表板可以幫助我們整合兩項分析的資訊，同時新增顧客分群與產品交叉分析篩選器，我們便可根據不同的客群與產品進行廣告效益評估。

如圖4-70所示，可以藉由右上角交叉分析篩選器選取中忠誠中貢獻、產品1-1、產品1-11、產品1-12，找尋特定條件下的廣告分析結果。

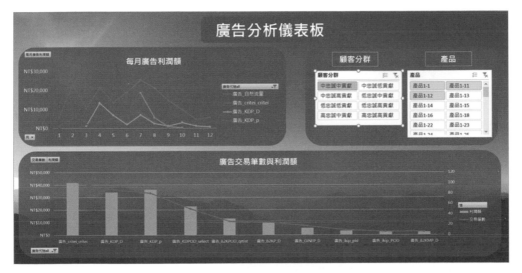

圖 4-70 廣告分析儀表板

實際演練3將設定樞紐分析表的名稱，後續連接交叉分析篩選器時能更加清楚、方便。

實戰演練 3 ｜樞紐分析表與名稱設定

1. 選取每月廣告利潤額樞紐分析表→「樞紐分析表工具」→「分析」
   →將樞紐分析表名稱改為「每月廣告利潤額」（如圖 4-71）。

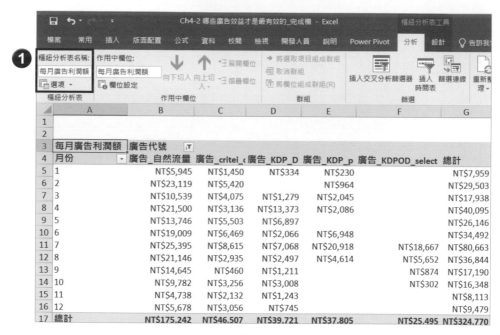

圖 4-71 設置樞紐分析表名稱

2. 選取折線圖→樞紐分析圖工具「分析」→將圖表名稱改為「每月
   廣告利潤額」（如圖 4-72）。

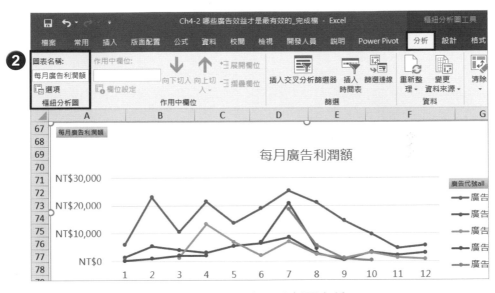

圖 4-72 設置樞紐分析圖名稱

3. 根據步驟（1）-（2），將廣告交易筆數與利潤額的樞紐分析表與圖更名。

設定完成後，實際演練 4 將著手設計儀表板背景，將儀表板呈現更具專業感的外觀。

實戰演練 4 | 商業儀表板背景設計

1. 選取工具列「檢視」→「顯示」→取消勾選「資料編輯列」、「標題」與「格線」（如圖4-73）。

圖 4-73 關閉資料編輯列與標題

2. 選取左上角「功能區顯示選項」→選取「自動隱藏功能區」，步驟（1）、（2）將功能區隱藏能提供儀表板更多空間進行展示（如圖4-74）。

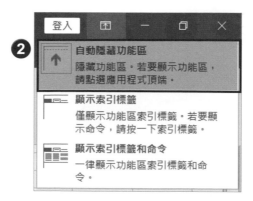

圖 4-74 開啟自動隱藏功能區功能

3. 於新活頁簿中，選取工具列「插入」→「圖案」→「矩形：圓角」
（如圖 4-75）。

圖 4-75 插入矩形色塊

4. 於活頁簿繪製圖表與標題背景色塊（如圖 4-76）。

圖 4-76 圖表與標題背景色塊

5. 選取背景色塊→「繪圖工具」→「圖案填滿」→選取灰色，色彩
可依據喜好進行調整（如圖 4-77）。

6. 選取背景色塊→「繪圖工具」→「圖案填滿」→「其他填滿色彩」，開啟後將透明度調整為 20%，色塊可幫助圖表內容顯示更加清晰，20% 的透明能讓色塊融入背景不會過於突兀（如圖4-77）。

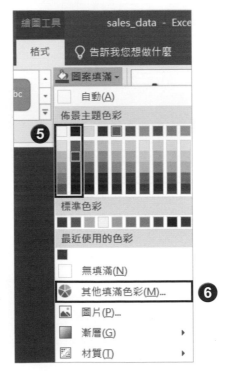

圖 4-77 調整背景色塊色彩

7. 選取背景色塊→「繪圖工具」→「圖案外框」→「無外框」。

8. 點選標題色塊，輸入標題文字，並調整文字大小與色彩（如圖4-78）。

圖 4-78 標題設計

9. 選取「版面配置」→「背景」→選擇想要做為背景之圖片，建議
　　圖片解析為 1080P 圖表設置（如圖 4-79）。

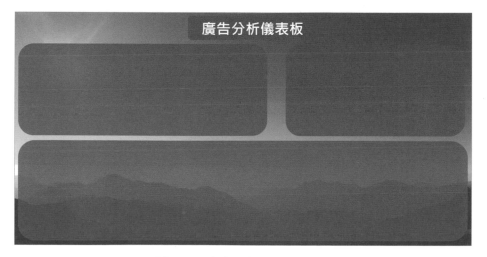

圖 4-79 廣告分析儀表板背景

設置完背景後，實際演練 5 中將兩項分析圖表放置於廣告儀表板中，
調整圖表設置，使圖表與背景主題一致。

實戰演練 5 ｜圖表設置

1. 將分析圖表複製貼於商業分析儀表板，並調整至適當大小（如圖 4-80）。

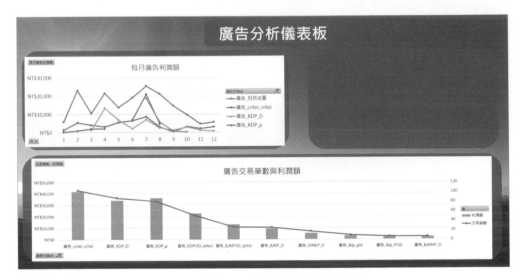

圖 4-80 複製圖表至儀表板

2. 選取每月廣告利潤額圖→「樞紐分析圖工具」→「格式」→「圖案填滿」→「無填滿」（如圖 4-81）。

3. 選取每月廣告利潤額圖→「樞紐分析圖工具」→「格式」→「圖案外框」→「無外框」（如圖 4-81）。

4. 點選每月廣告利潤額圖→點選「常用」→「字型」→將圖表中字體設為白色（如圖 4-81）。

5. 參照步驟（2）～（4）操作廣告交易筆數與利潤額圖（如圖 4-81）。

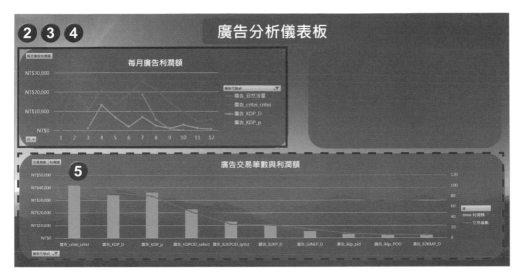

圖 4-81　圖表項目調整

6. 點選每月廣告利潤額圖中的格線→按下 Delete 即可將格線刪除
（如圖 4-82）。

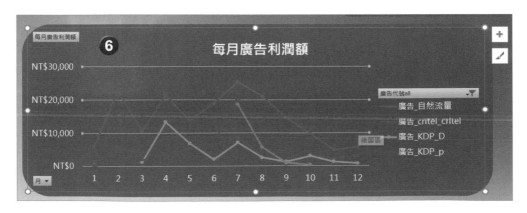

圖 4-82　圖表格線刪除

　　圖表設置完後，實際演練 6 將新增交叉分析篩選器，新增儀表板互
動性，藉由交叉分析篩選器可以看到不同條件下的分析結果。

實戰演練 6 ｜ 插入交叉分析篩選器

1. 點選「插入」→「文字方塊」→「繪製水平文字方塊」。

2. 文字方塊→「繪圖工具」→「格式」→「圖案填滿」→「無填滿」
（如圖 4-83）。

3. 選取分析圖表→「繪圖工具」→「格式」→「圖案外框」→選取
白色（如圖 4-83）。

4. 選取分析圖表→點選「常用」→「字型」→設定字體顏色為白色，
並選取文字置中（如圖 4-83）。

圖 4-83 交叉分析篩選器標題文字設計

5. 選取每月廣告利潤額圖→點選「分析」→「交叉分析篩選器」→
選取產品與顧客分群，設置於背景色塊中（如圖 4-84）。

6. 點選交叉分析篩選器→「交叉分析篩選器選項」→「按鈕」→
「欄」數值更改為 2（如圖 4-84）。

7. 點選交叉分析篩選器→「交叉分析篩選器選項」→「交叉分析篩選器樣式」→更改顏色（如圖 4-84）。

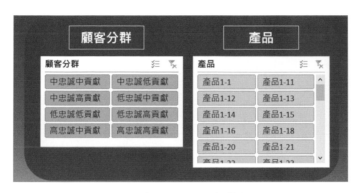

圖 4-84 設置交叉分析篩選器

8. 點選顧客分群交叉分析篩選器→右鍵選取「報表連線」→將兩項分析打勾，並重複此操作將產品進行報表連線（如圖 4-85）。

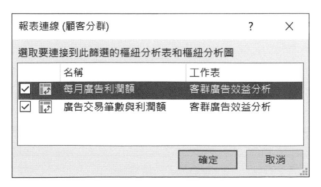

圖 4-85 報表連線設定

9. 如果圖 4-85 中沒有你的分析，代表在建立樞紐分析表過程中，沒有勾選「新增此資料至資料模型」，此時只需重新建立一份樞紐分析圖表即可。

點選右方交叉分析篩選器，即可查看不同客群與產品下的廣告效益，協助我們在目標客群下找尋最佳廣告效益，如圖 4-86 點選中忠誠中貢獻客群與產品 1-1、1-11、1-12 查看各項分析結果。

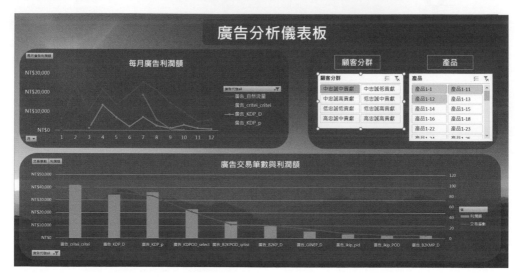

圖 4-86 中忠誠客群分析儀表板

我們可以先藉由每月廣告利潤額挑選表現較好的廣告，如果該月份廣告利潤額相近時，可以透過廣告交易筆數與利潤額進行判斷。假設分析圖中利潤額相近，但交易筆數越少，表示此類型的廣告交易筆數有機會獲取較高的利潤額。

如同前小節所述，若資料中具有原先的廣告成本，便可交互使用查看，資訊愈完整，愈能找到最具效益之廣告項目，如：不同月份中廣告利潤額最高、交易筆數少且廣告成本與利潤額轉換效益高…等。讀者可以依個人的銷售資料，用本章節的方法加入更多的欄位資料進行分析。

Excel
商業分析全模組

5.1 數據模型與數據模組

第 1 章曾提到商業分析師與資料分析師必備能力為建立數據模型。在研究裡,「模型」經常被定義成「對一個系統的表達」,還可以透過數學函數或公式,例如:愛因斯坦(Albert Einstein)的質能方程式,或是架構圖,例如:馬斯洛(Abraham Harold Maslow)的需求層級模型(Maslow's hierarchy of needs)來呈現。至於呈現模型的目的,則在於表達系統的某一個層面或是全部。

而在本書中,筆者在各章節所呈現的數據分析手法都是分析商務資料的「數據模型」。這意味著,有別以往需要使用複雜的軟體來建模,Excel 的易上手性與普及性也能讓「數據模型」通用於不同單位,大幅度降低基礎建模的門檻。

數據模組簡單的說,就類似於一個資料處理與分析的機器。當取得新資料時,只需將其放入模組,便能得到新的分析產出,這樣可以避免相同的分析手法重複操作、提高效率與降低失誤。

從第 3 章的產品分析到第 4 章的推廣分析,筆者已經使用了樞紐分析抓取銷售資料表格執行各種分析數據模型。而本章節實際演練 1 到 4 的操作環節,將進一步將產品分析與推廣分析的「數據模型」整合成「數據模組」,讓讀者在未來需要進行相同的分析方法時只需放入資料,就能完成分析。

本章節所有的 Excel 操作檔案可進入下述網址或 QR code 後，於「章節資源下載」頁面進行下載：

https://tmrmds.co/excel-biz-book/

5.2 產品分析模組

實際演練 1 ｜產品分析模組準備

還記得第三章介紹過的 80/20 法則、產品分析嗎？其實每一個分析圖表所進行的步驟，都是在幫助我們建立模組。透過本節的調整，我們可以將以往做過的產品分析轉換成模組，當有新資料需要進行分析時，只需透過少許的步驟，即可完成分析。

1. 開啟「產品分析完成檔 .xlsx」，更改第一筆銷售資料，以其作為範例格式（如圖 5-1）。

2. 選取第二筆銷售資料→同時按下 Ctrl＋Shift＋ ↓→右鍵選取「刪除」→「表格列」，將其餘資料刪除。若刪除了全部的資料，圖表格式將會跑掉，所以保留第一筆資料做為範例讓後續使用做為參照，同時可保持分析格式（如圖 5-1）。

A	B	C	D	E	F	G	H	I	J	K	L	M	N	O
銷售訂單	訂單時間	年	月	會員	性別	年紀	廣告代號all	系列	產品	顏色	尺寸	單價	成本	利潤
範例格式	2016/1/1 3:19	2016	1	CM7986531	FEMALE	32	廣告_YND_pid	系列4	產品4-1			391	240	151
BD16747499	2016/1/1 3:19	2016	1	CM7986531	FEMALE	32	廣告_YND_pid	系列4	產品4-2			238	137	101
BD16		2016	1	CM7986531	FEMALE	32	廣告_YND_pid	系列4	產品4-3	watermelonred	S	434	253	181
BD16	2016/1/1 3:19	2016	1	CM7986531	FEMALE	32	廣告_YND_pid	系列4	產品4-4			339	205	134
BD16	13:19	2016	1	CM7986531	FEMALE	32	廣告_YND_pid	系列4	產品4-3	white	S	382	223	159
BD16	13:19	2016	1	CM7986531	FEMALE	32	廣告_YND_pid	系列4	產品4-3	navyblue	S	434	253	181
BD16	13:19	2016	1	CM7986531	FEMALE	32	廣告_YND_pid	系列4	產品4-5			646	410	236
BD17	15:53	2016	1	CM49828	FEMALE	32	廣告_自然流量	系列4	產品4-3	gray	M	635	490	145
BD17	15:53	2016	1	CM49828	FEMALE	32	廣告_自然流量	系列4	產品4-3	black	M	434	253	181
BD17	15:53	2016	1	CM49828	FEMALE	32	廣告_自然流量	系列4	產品4-6	gray	M	635	490	145
BD17	15:53	2016	1	CM49828	FEMALE	32	廣告_自然流量	系列4	產品4-7	gray	M	562	424	138
BD17	16	1	CM49828	FEMALE	32	廣告_自然流量	系列4	產品4-8	creamywhitejeanblue		130	276	194	82
BD16		2016	1	CM7986542	FEMALE	34	廣告_自然流量	系列4	產品4-6	gray	S	635	490	145

圖 5-1 刪除其餘資料

3. 點選「資料」→「全部重新整理」,此時銷售資料僅剩一筆,後續的圖表將會依據此筆資料進行分析,同時可清除過往的分析結果(如圖 5-2)。

圖 5-2 更新分析圖表的銷售資料

4. 分析圖僅剩一筆銷售資料,當放入新的資料進行分析時,圖表會有明顯的變化,確保資料有成功地進行分析(如圖 5-3)。

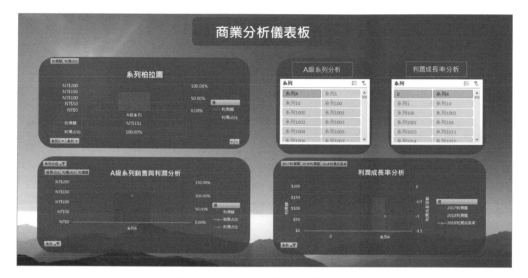

圖 5-3 產品分析模組準備完成示意圖

5. 點選「檔案」→「另存檔案」→名稱設為「產品分析模組」，確保分析結果與模組不會混淆，即完成產品分析模組製作。

透過這個實際演練，便可將原先的產品分析檔案轉換成模組檔案，當有新的資料時，可以快速套用並得出分析圖表的效果。在實際演練 2 中，我們將運用該模組檔案分析 2016-2017 年的銷售資料檔。

實際演練 2 │產品分析模組運用

1. 開啟「2016-2017sales_data.xlsx」，此檔案為 2016-2017 年銷售資料，實際演練中以其作為範例，將放入模組進行產品分析（如圖 5-4）。

2. 選取活頁簿→右鍵選取「移動或複製」，選取「產品分析模組 .xlsx」，並勾選建立複本，將 2016-2017 銷售資料複製到模組檔中（如圖 5-4）。

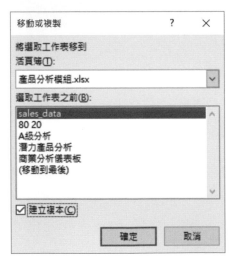

圖 5-4 複製 2016-2017 銷售資料與產品分析模組檔案

3. 確認模組與銷售資料欄位名稱、內容皆相同後，可刪除範例檔，並於「表格工具中」更改 2016-2017 銷售資料表格名稱為「銷售資料」（如圖 5-5）。

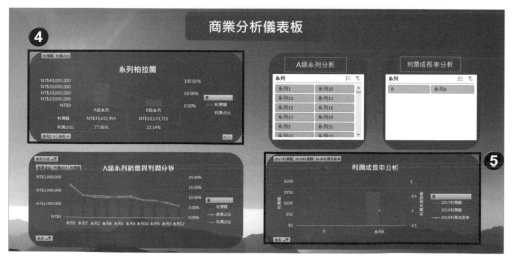

圖 5-5　變更圖表名稱

4. 點選「資料」→「全部重新整理」，更新後可查看商業分析儀表板，系列柏拉圖 A 級系列利潤占比僅有 77.86%，所以我們必須從柏拉圖分析重新將系列分級（如圖 5-6）。

5. 利潤成長率分析無法正常呈現，是因為資料年份不同需重新調整計算（如圖 5-6）。

圖 5-6　新資料未調整前商業分析儀表板

6. 將系列重新分為 A 級與 B 級系列，使 A 級系列利潤占比接近 80%（如圖 5-7），分組方式可參照 3.1 節的實際演練部分。

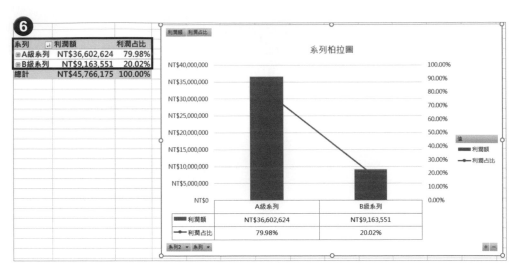

圖 5-7 根據新資料將系列重新分組

7. 調整 A 級系列銷售與利潤分析，將系列分級放入篩選→勾選 A 級系列→篩選銷售占比前十名→採銷售占比由大到小排序（如圖 5-8）。

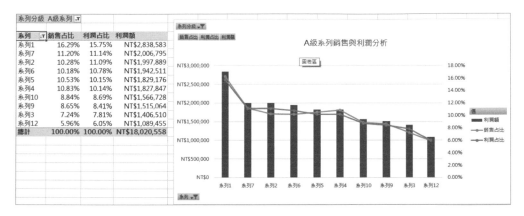

系列分級	A級系列 ⫶		
系列 ⫶	銷售占比	利潤占比	利潤額
系列1	16.29%	15.75%	NT$2,838,583
系列7	11.20%	11.14%	NT$2,006,795
系列2	10.28%	11.09%	NT$1,997,889
系列6	10.18%	10.78%	NT$1,942,511
系列5	10.53%	10.15%	NT$1,829,176
系列4	10.83%	10.14%	NT$1,827,847
系列10	8.84%	8.69%	NT$1,566,728
系列9	8.65%	8.41%	NT$1,515,064
系列3	7.24%	7.81%	NT$1,406,510
系列12	5.96%	6.05%	NT$1,089,455
總計	100.00%	100.00%	NT$18,020,558

圖 5-8 新資料 A 級系列銷售與利潤分析結果

8. 接著切換至成長率分析活頁簿，更改交叉分析篩選器，點選 2016、2017（如圖 5-9）。

9. 更改表格名稱（如圖 5-9）。

系列每年利潤額計算	年份 ⫶			系列 ⫶	2016 ⫶	2017 ⫶	利潤成長率 ⫶
系列 ⫶		2016	2017	系列1	1402823	1435760	0.023479085
系列1		$1,402,823	$1,435,760	系列10	1010300	556428	-0.449244779
系列10		$1,010,300	$556,428	系列1000	174	0	-1
系列1000		$174		系列1001	0	253	#DIV/0!
系列1001			$253	系列1002	0	97	#DIV/0!
系列1002			$97	系列1003	327	0	-1
系列1003		$327		系列1004	36	0	-1
系列1004		$36		系列1005	225	0	-1
系列1005		$225		系列1006	142	0	-1
系列1006		$142					

圖 5-9 客群平均年紀分析結果

10. 點選「分析」→「重新整理」→將 2016、2017 年利潤額放入樞紐分析表→更改樞紐分析表欄位名稱→以 2017 年利潤額由高到低進行排序，即完成 2017 年成長率分析（如圖 5-10）。

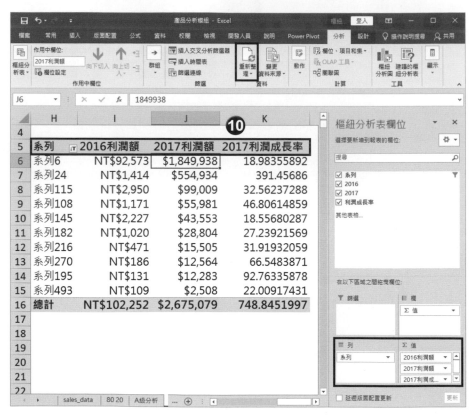

圖 5-10 利潤成長率分析調整

11. 切換至商業分析儀表板，確認各項分析結果正常無誤，便成功的將 2016-2017 銷售資料透過模組完成分析（如圖 5-11）。

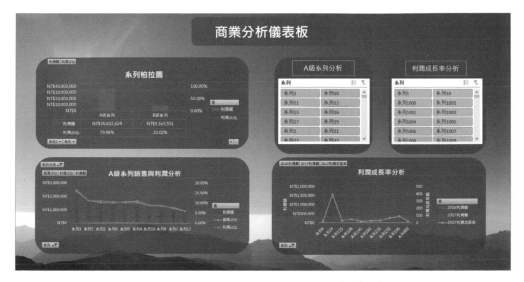

圖 5-11 2016-2017 產品分析結果

實際演練 1、2 中介紹了如何將原先的產品分析檔案轉換成模組檔案，並且運用該模組套用新資料進行分析，一連串的流程可協助讀者了解如何建立屬於自己的分析模組，避免重複的分析作業，提高工作效率。

5.3　推廣分析模組

第 4 章所做的各項廣告分析操作，同樣是建立模組的其中一環，本節將解說進行推廣分析模組化的方式。

推廣分析與產品分析這兩個模組的最大差異在於套用新資料的環節，其中 K-means 進行的顧客分群，主要是協助我們洞悉顧客樣貌

與輪廓，其在操作步驟上順序會有所不同，我們將由實際演練 3 來
演示說明。

實際演練 3 ｜推廣分析模組準備

1. 開啟「推廣分析完成檔 .xlsx」，更改第一筆銷售資料，以其作
   為範例格式（如圖 5-12）。

2. 選取第二筆銷售資料→同時按下 Ctrl＋Shift＋ ↓→右鍵選取「刪
   除」→「表格列」，將其餘資料刪除（如圖 5-12）。

圖 5-12 刪除其餘資料

3. 點選「資料」→「全部重新整理」，以範例檔進行更新分析結果，
   保持分析圖表格式（如圖 5-13）。

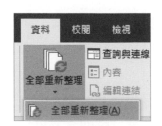

圖 5-13 更新分析圖表的銷售資料

4. 分析圖僅剩一筆銷售資料，當放入新的資料進行分析時，圖表會有明顯的變化，確保資料有成功地進行分析（如圖 5-14）。

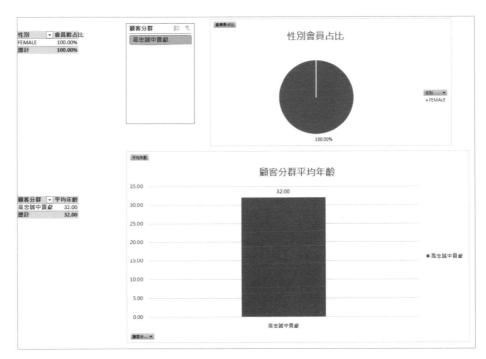

圖 5-14 客群樣貌分析模組準備

5. 點選「檔案」→「另存檔案」→名稱設為「推廣分析模組」，確保分析結果與模組不會混淆，當使用模組進行分析時建議另存檔案，確保模組的完整性與正確性。

這次的演練將推廣分析檔案轉換成模組檔案，為了維持各項圖表的格式，我們保留第一項資料做為範例檔，藉此可以快速地建立模組檔案。

實際演練 4 中將運用該模組檔案分析系列 2 的銷售資料檔,將系列 2 的顧客進行忠誠度與貢獻度分群,接著進行顧客樣貌與廣告效益分析。

實際演練 4 ｜ 推廣分析模組運用

1. 開啟「系列 2_sales_data.xlsx」,此檔案為系列 2 銷售資料,實際演練中以其作為範例,進行推廣分析。

2. 選取活頁簿→右鍵選取「移動或複製」,選取「推廣分析模組 .xlsm」,並勾選建立複本,將系列 2 銷售資料複製到模組檔中(如圖 5-15)。

圖 5-15 複製系列 2 銷售資料至模組中

3. 更改銷售訂單名稱為 ID，讓其與範例檔相同→將忠誠度、貢獻度與顧客分群函數從範例檔複製到新銷售資料中→確認格式與範例檔相同後，將其刪除→更改表格名稱（如圖 5-16）。

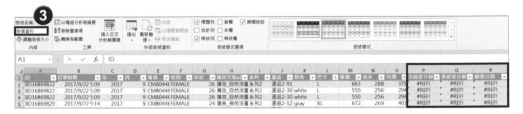

圖 5-16 將系列 2 銷售資料放入模組並調整格式

4. 點選「資料」→「全部重新整理」，將各項分析圖表重新以新資料進行計算（如圖 5-17）。

圖 5-17 更新分析圖表的銷售資料

5. 切換至「K-means 忠誠度」活頁簿，進行顧客分群，詳細步驟可參照 4.1 節的說明。

6. 切換至「忠誠度資料」活頁簿→點選右方樞紐分析表→「樞紐分析工具」→「分析」→「重新整理」，藉此重新計算分群標籤平均消費次數，並標示高、中、低忠誠（如圖 5-18）。

圖 5-18 更新樞紐分析表重新標示忠誠度分群

7. 貢獻度分群參考步驟（5）-（6），將新的顧客貢獻度資料進行分群。

8. 點選「資料」→「全部重新整理」，將分群結果回傳至銷售資料，並調整忠誠度、貢獻度與顧客分群欄位函數（如圖 5-19）。

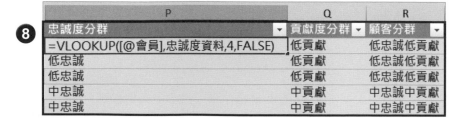

圖 5-19 調整欄位函數

9. 再次點選「資料」→「全部重新整理」，將後續分析重新抓取分群結果進行分析，即可完成系列 2 推廣分析（如圖 5-20、5-21、5-22）。

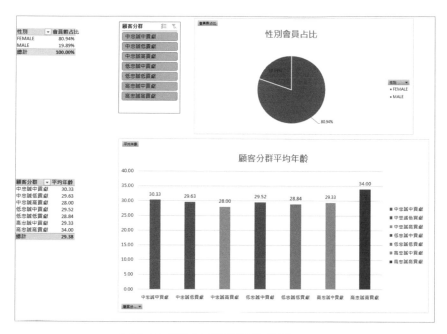

圖 5-20 系列 2 客群樣貌分析

實際演練 4 中，運用推廣分析模組針對系列 2 銷售資料進行分析，後續可以針對第 3 章產品分析得出的關鍵系列，套用至此模組進行分析，協助找出關鍵系列下，最適當的客群（如圖 5-20）與推廣方式（如圖 5-21、5-22）。

圖 5-21 系列 2 客群銷售分析

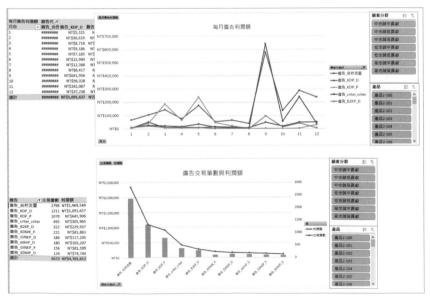

圖 5-22 系列 2 客群廣告效益分析

保護 Excel 檔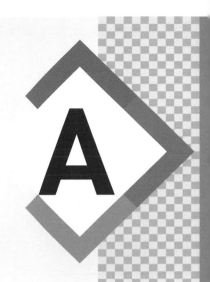

A.1 加密 Excel 檔案

Excel 中的銷售資料、顧客資料都是相當重要的,該如何避免他人開啟檢閱,甚至是避免他人隨意修改、刪除呢?此章節中將會介紹如何在 Excel 中保護您的重要檔案。

加密 Excel 檔案主要可達到三個目的:

● 避免檔案被隨意檢閱

● 避免檔案被隨意修改

● 保護公式與模組

以下的實際演練 1 到實際演練 5 中,將以活頁簿、工作表與儀表板三大主題,展示各種鎖定檔案情境,幫助您在適當的情況下能找到最合適的方式。

A.2 鎖定活頁簿

實際演練 1 將鎖定活頁簿,可以避免無密碼之使用者查看活頁簿內的資料與變更資料。

實際演練 1 ｜保護工作表

1. 開啟「Ch5-2 保護工作表 _ 操作檔 .xlsx」，此檔案為產品模組分析檔，後續將透過該檔案進行演練。

2. 選取「檔案」→「資訊」→「保護活頁簿」→「以密碼加密」（如圖 A-1）。

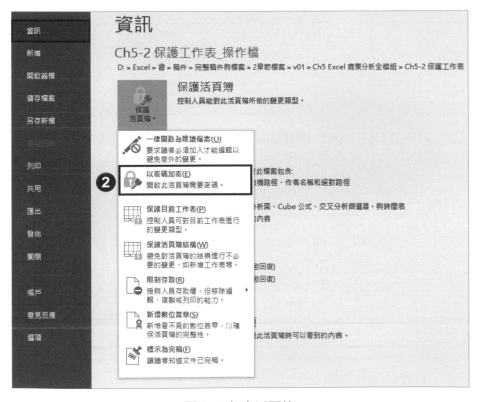

圖 A-1　加密活頁簿

3. 設定加密文件之密碼，並再次輸入密碼確認，請注意密碼保存
（如圖 A-2）。

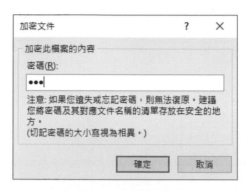

圖 A-2 設定文件密碼

4. 設定完成後，可看到狀態列中已成功上鎖（如圖 A-3）。

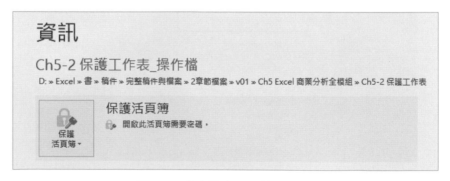

圖 A-3 成功鎖定活頁簿示意圖

5. 儲存檔案變更，並關閉檔案

6. 開啟檔案輸入密碼，即可開啟檔案（如圖 A-4）。

7. 當活頁簿未解鎖時，畫面中無法看到檔案內容或採取其他動作，可以有效的保護檔案（如圖 A-4）。

圖 A-4　輸入 Excel 檔案密碼

8. 如需取消鎖定活頁簿，選取「檔案」→「資訊」→「保護活頁簿」→「以密碼加密」（如圖 A-5）。

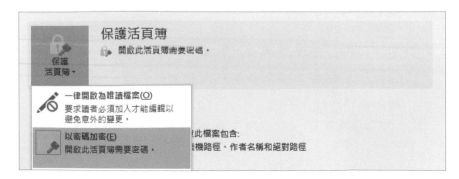

圖 A-5　取消活頁簿密碼加密

9. 將加密文件中的密碼清空→按下「確定」，即可取消活頁簿密碼
　　鎖定（如圖 A-6）。

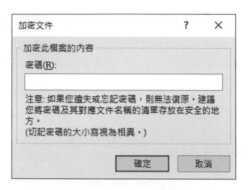

圖 A-6 取消活頁簿密碼

保護工作表可以避免無權限人員開啟該檔案進行檢閱與修改動作。
如果需進一步鎖定檔案中各項工作表、儲存格，僅開放給特定人員，
可以參閱接下來的鎖定工作表與鎖定儀表版的教學內容。

A.3　鎖定工作表

鎖定工作表是指讓使用者查看資料，但無法進行編輯或僅可編輯特
定儲存格。實際演練 2 中將鎖定整張工作表，僅開放檢閱功能，藉
此避免資料被他人竄改。

實際演練 2 ｜鎖定整張工作表

1. 選取工具列「校閱」→「保護工作表」（如圖 A-7）。

圖 A-7 加密活頁簿

2. 設定加密文件之密碼（如圖 A-8）。

3. 設定無密碼使用者可進行的操作，如不想開放任何權限可將所有
   項目取消勾選，此設定僅應用於目前所在工作表（如圖 A-8）。

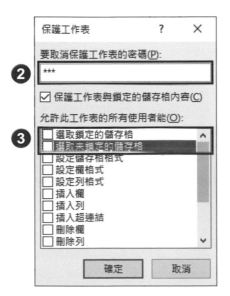

圖 A-8 設定保護工作表

4. 設定完成後，使用者將無法進行編輯，並會跳出提示訊息（如圖 A-9）。

圖 A-9　工作表受保護無法編輯提示訊息

5. 選取「校閱」→「取消保護工作表」，並輸入密碼，便可解除保護工作表狀態（如圖 A-10）。

圖 A-10　取消保護工作表

6. 如有多張工作表需進行設定，需將頁面切換至該工作表（如圖 A-11），並參考步驟（1）-（5）進行操作。

圖 A-11　工作表頁面切換

實際演練 2 鎖定工作表功能，如果未解除鎖定前，僅能操作鎖定者開放的功能（如圖 A-8），要使用其他功能需要輸入密碼解除鎖定，關閉檔案時，必須重複步驟（1）-（5）進行工作表鎖定。

實際演練 3 中，將設定使用者在鎖定工作表的狀態下，擁有第二組密碼的使用者，可以進一步編輯特定的儲存格，此種方法可以保護原先的資料與公式，同時也可讓使用者進行部分的編輯。

實際演練 3 ｜開放特定儲存格權限

1. 切換工作表至「A 級分析」，情境假設僅開放 D1 可讓使用者進行編輯（如圖 A-12）。

	A	B	C	D
1	系列分級 A級系列 ⏷			
2				
3	系列 ⏷	銷售占比	利潤占比	利潤額
4	系列1	16.29%	15.75%	NT$2,838,583
5	系列7	11.20%	11.14%	NT$2,006,795
6	系列2	10.28%	11.09%	NT$1,997,889
7	系列6	10.18%	10.78%	NT$1,942,511
8	系列5	10.53%	10.15%	NT$1,829,176
9	系列4	10.83%	10.14%	NT$1,827,847
10	系列10	8.84%	8.69%	NT$1,566,728
11	系列9	8.65%	8.41%	NT$1,515,064
12	系列3	7.24%	7.81%	NT$1,406,510
13	系列12	5.96%	6.05%	NT$1,089,455
14	總計	100.00%	100.00%	NT$18,020,558

圖 A-12 A 級分析工作表

2. 選取「校閱」→「允許使用者編輯範圍」（圖 A-13）。

圖 A-13 加密活頁簿

3. 選取「新範圍」（如圖 A-14）。

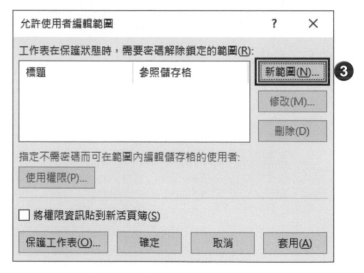

圖 A-14 允許使用者編輯範圍設定

4. 設定範圍名稱、範圍與密碼，當保護工作表開啟時，輸入密碼便可編輯該範圍，如未設定密碼欄位，無須密碼即可編輯（如圖 A-15）。

圖 A-15　新增使用者編輯範圍

5. 選取「校閱」→「保護工作表」（如圖 A-16）。

6. 設置保護工作表，將「選取鎖定的儲存格」與「選取未鎖定的儲存格」（如圖 A-16）。

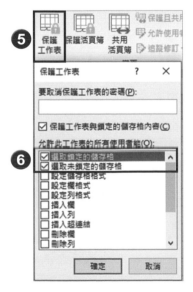

圖 A-16　設定保護工作表

7. 選取 D1 儲存格→輸入密碼後即可編輯，其他儲存格同樣保有鎖定狀態（如圖 A-17）。

圖 A-17 取消保護工作表

開放特定儲存格權限可避免他人編輯到其餘儲存格，導致公式、函數與資料的變更，重複步驟（1）-（4）可以建立多個編輯條件，給予不同的人員密碼，可以有效控管資料編輯的權限。

A.4 鎖定儀表板

儀表板是本書中相當重要的成果，在單一頁面中呈現多項分析結果，交互檢閱、探索商業意涵。實際演練 4、5 中將展示如何鎖定儀表板，僅開放交叉分析篩選器，避免其餘使用者不當操作造成圖表的變更、刪除。

實際演練 4 │鎖定儀表板

1. 切換工作表至「商業分析儀表板」，後續操作將鎖定各項圖表，
    僅開放交叉分析篩選器切換查看（如圖 A-18）。

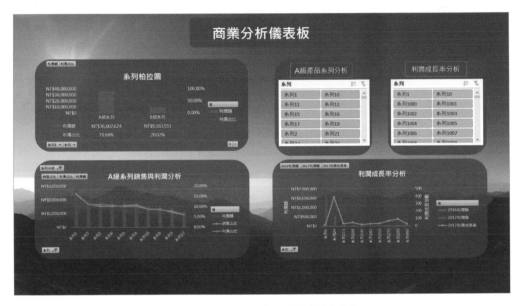

圖 A-18 產品分析儀表板

2. 選取「開發人員」→「Visual Basic」（如圖 A-19）。

圖 A-19 加密活頁簿

3. 選取「檔案」→「匯入檔案」→選取 unlock SlicerCaches.bas
   檔案，藉此導入程式碼，進而設定交叉分析篩選器編輯權限（如
   圖 A-20）。

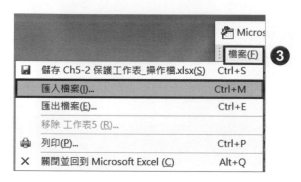

圖 A-20 匯入 .bas 檔案

4. 導入設定檔案，後續將執行此檔案將交叉分析篩選器設為未鎖定
   狀態（如圖 A-21）。

圖 A-21 程式碼示意圖

5. 如果儀表板中有超過兩個交叉分析篩選器以上時，需修改巨集內的檔案，以三個交叉分析篩選器為例，新增一行相同的程式碼，並將交叉分析篩選器編號更改為 3（如圖 A-22）。

圖 A-22 修改後程式碼

6. 關閉 Visual Basic 頁面。

7. 選取「開發人員」→「巨集」（如圖 A-23）。

圖 A-23 點選巨集功能

8.　執行「解除交叉分析篩選器鎖定」巨集（如圖 A-24）。

圖 A-24　執行巨集

9.　選取「校閱」→「保護工作表」（如圖 A-25）。

圖 A-25　進行保護工作表設定

10. 設定工作表密碼（如圖 A-26）。

11. 取消所有使用者權限（如圖 A-26）。

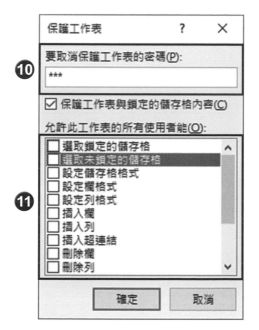

圖 A-26 設定保護工作表權限

12. 設定完成後，使用者僅可點選交叉分析篩選器與儀表板進行互動，如要保持回復原先的篩選條件，可使用 Ctrl｜Z 進行復原（如圖 A-27）。

圖 A-27　商業分析儀表板鎖定示意圖

透過實際演練 4 執行巨集，將交叉分析篩選器設定在鎖定工作表的情況下可供檢閱者操作，查看各項圖表中的分析，保有互動性的同時，又能維持儀表板的完整性，是呈現儀表板的好方法。

由於設定檔案中有引入巨集，當儲存檔案時需要儲存為不同的檔案類型，實際演練 5 將示範如何存成「Excel 啟用巨集的活頁簿」檔案類型。

實際演練 5 ｜ 儲存檔案

1. 選取「檔案」→「另存檔案」→選擇存檔資料夾（如圖 A-28）。

圖 A-28 選擇存放資料夾

2. 將檔案類型變更為「Excel 啟用巨集的活頁簿」，便可將巨集檔案保存於檔案，當需要重新鎖定儀表板時可方便重新執行（如圖 A-29）。

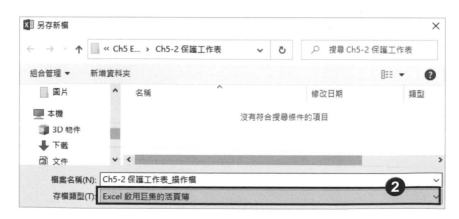

圖 A-29 變更檔案類型

在本書的最後，特別教授運用模組與鎖定工作表，希望讀者可以透過本書的內容，建立一個屬於自己的分析模組，應用於自身的產業，提升生產力、創造商業力。同時運用鎖定工作表的各項功能，保護所創造出來的檔案。

實戰 Excel 行銷分析｜不寫程式也能分析大數據

作　　者：陳俊凱 / 鍾皓軒 / 羅凱揚
企劃編輯：莊吳行世
文字編輯：江雅鈴
設計裝幀：張寶莉
發 行 人：廖文良

發 行 所：碁峰資訊股份有限公司
地　　址：台北市南港區三重路 66 號 7 樓之 6
電　　話：(02)2788-2408
傳　　真：(02)8192-4433
網　　站：www.gotop.com.tw
書　　號：ACD022000
版　　次：2022 年 04 月初版
建議售價：NT$450

國家圖書館出版品預行編目資料

實戰 Excel 行銷分析：不寫程式也能分析大數據 / 陳俊凱, 鍾皓軒, 羅凱揚著. -- 初版. -- 臺北市：碁峰資訊, 2022.04
　　面；　　公分
　　ISBN 978-626-324-130-5(平裝)
　　1.CST：EXCEL(電腦程式)
312.49E9　　　　　　　　　　　　111003272

讀者服務

- 感謝您購買碁峰圖書，如果您對本書的內容或表達上有不清楚的地方或其他建議，請至碁峰網站：「聯絡我們」\「圖書問題」留下您所購買之書籍及問題。(請註明購買書籍之書號及書名，以及問題頁數，以便能儘快為您處理)
http://www.gotop.com.tw

- 售後服務僅限書籍本身內容，若是軟、硬體問題，請您直接與軟體廠商聯絡。

- 若於購買書籍後發現有破損、缺頁、裝訂錯誤之問題，請直接將書寄回更換，並註明您的姓名、連絡電話及地址，將有專人與您連絡補寄商品。